人生需要把握自己

慕容莲生◎著

中国商业出版社

图书在版编目(CIP)数据

人生需要把握自己 / 慕容莲生著.——北京:中国商业出版社,2018.4

ISBN978-7-5208-0262-8

Ⅰ.①人… Ⅱ.①慕… Ⅲ.①人生哲学—通俗读物 Ⅳ.①B821-49

中国版本图书馆 CIP 数据核字(2018)第 035982 号

责任编辑:姜丽君

中国商业出版社出版发行

(100053 北京广安门内报国寺 1 号)

010-63180647 www.c-cbook.com

新华书店经销

三河市天润建兴印务有限公司

※

880×1230 毫米 1/32 8 印张 220 千字

2018 年 6 月第 1 版 2018 年 6 月第 1 次印刷

定价:39.80 元

※※※※

(如果印装质量问题可更换)

/目 录/ CONTENTS

整理好自己，你会过上你想要的生活

Part 2 活明白了，不为难爱情，更不为难自己

Part 3 无论何时，你就是你自己，你还有你自己

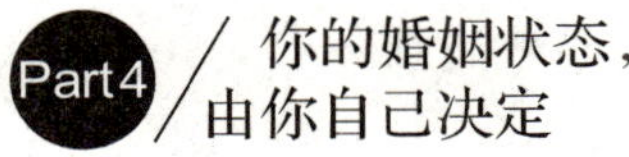

Part 4 你的婚姻状态，由你自己决定

Part 5 每一天，遇见更好的自己

代序

我叫他“公子”，我的那些同事也都叫他“公子”。

由于工作原因，不曾见人先见文。透着灵性，能辨别出与世无争、只取一瓢饮的心态。不出红尘，也不入红尘，尽力过自己的生活。这是我对慕容公子的感受。

待在一起共事，更是欢喜。

你要的，他能很快写出来，但绝不是没有个人想法，他能很巧妙地把自己的想法融入到你要的文字中。看他的文章，不必费什么心思，他懂你，也懂自己。达到你要的标准，又不失去自我，这是我在别处很少能看到的品质,但他有。

无论怎样,他的字,轮不到我来多加评说。他有一个点击量很高的博客,他是怎样的人,写了怎样能够轻易触动人心的文字,博客上的众多留言已说明一二。

我能够说的,是这样的男人,有着一颗淡定的心,你来你去,你喜你怒,你嘻笑你批判,他都会在不动声色中,保有他自己的快乐与梦想。

这样心思澄澈的人,除了祝福外,也只能还是祝福。

于丽红(资深媒体人、报刊主编)

前言

你和自己才是最熟悉的陌生人吧

这世间，多的是陌生人。

人来人往那又怎样？你不知我，我不懂你；你不怜我，我不惜你；彼此也就在人潮人海里那么一交会，各行其路，各扫门前雪，各添自家灶里火。

待陌生人，谁都没那么多讲究。陌生人随便怎样翻江倒海地喜怒哀乐，你未必会放在心上。你从来只关心你自己，关注你在乎的人。

感觉这说辞十分冰冷？但世界的面目本来如此，你不肯承认吗？

更冰冷的是：有些人，待自己亦如同

陌生人。

我有个朋友,先前她最是惯于厚待自己。这没什么不好,人活着要先活好自己,先善己身,再济天下。我那朋友,喜华衣,好美食,工作中赚的钱都花在了华衣美食上。可是,自从交了男友后,画风突变:男友喜欢什么她眼也不眨地买来,男友爱吃什么她记得最清楚,男友说往东她就忘了人间还有个西。朋友们个个打趣她是女王变女仆。后来,有情人成了眷属,又生了孩子,但日子却并不好过。男人骂她是常有的事,还动辄就对她拳打脚踢。有人劝她,实在不行就离了吧,天下好男人多得是。她却不愿意。她爱说:"别看他凶,其实他很可怜。"

大概她忘了这世界上还有个更可怜的"自己"。

"父母含辛茹苦养育你,视你为掌上明珠,你一路花枝招展地活着,莫非这一切,只是为了去给一个半路相逢的蠢汉为奴为仆,还常常挨打受气?"

"什么?你说一切都是因为爱情?"

在一起的两个人,彼此都容光焕发,变得越来越好,这才是爱情啊。

叫人动不动就泪流满面、悲痛难抑的感情,亲爱的,那不是爱情。爱情不需要卑微。相爱,是平视着对方,相互喜欢,相互欣赏;没有鼻青脸肿的伤害,也没有一个步步紧逼一个节节败退的戏码。

这些话,说给那位朋友听,有什么用呢?她张口回驳,道理一箩筐又一箩筐。生活的道理她比谁都懂得多。

她懂得很多道理,却仍然过不好自己的生活。

我想了想,这大概只有一个原因:她是她自己的陌生人。

她被所谓的爱情冲昏了头，只知一味地取悦眼前人，殷勤地在意他的喜怒哀乐；她以讨他欢心为生活的重心，但却忘了她还有个“自己”要关爱。这样的人，其实最不懂得爱情，更不可能得到爱情。

在这个世界上，有一种生活方式最痛苦，那就是无明地活着。

所谓无明，就是自己根本没有觉察自己是无知的，甚至偏执地相信自己是对的，听不进别人的劝告，而且还把自己的妄想付诸行动，伤人伤己。

什么样的人最可怕？无明的人。这种人没有觉知，不知道自己正在做什么傻事。

不关心自己，待自己如陌生人，这也是一桩傻事——后果很严重的傻事。

待自己如陌生人般冷漠的人，从不会静坐下来和自己谈谈，问问自己要什么，以及应当拒绝什么。

有个调查数据显示，每100个人中有98人不满自己现在的生活，但他们心中又缺乏一个他们所喜欢的生活的清晰图样。他们终生无目的地随生活抛掷，又终生胸怀不满。

只有知道自己需要什么，你的选择才会是理智的，你才能做自己想做的事，成为自己想成为的人。

网络上流传着一段据说是马云说过的话：“十年前我更关心全世界，结果我的日子过得非常艰难；五年前我很关心国家的命运，我也过得很艰难；三年前开始我只关心公司，我的日子开始好起来；现在我只关心自己，越来越好了。所以我说，关心好自己，每个人把自己喜欢的事情做好，这个世界就会好起来。”

当你被生活围困的时候，问问自己，你想要什么样的生活？这是一个很重要的问题，一定要仔细问自己，你这辈子到底想要什么？

同时耐心地问问自己，你现在能够做什么？你正在做什么？你现在做的事能够实现你的人生目标吗？如果不能，那么三年以后的你还不是和现在一样吗？

你今天的生活是你三年前的选择导致的，同样，你三年后的生活是由你现在的选择所决定的。

希望你认真地问问自己，找找答案。不要告诉别人，告诉自己就行了。

你要好好爱自己。不要做自己的陌生人。

Part 1

整理好自己，你会过上你想要的生活

别瞎叽歪，我只是恰巧单身

我宁愿高傲地发霉，也不要委屈地恋爱。
——张小娴

谁敢去爱美女

毕业多年后，去参加同学聚会。我发现，那些当年在学校不甚起眼的女生一个个都结婚了，为人妻、为人母，日子过得还不错，而当年的“校花”或“系花”却还过着单身生活，个个自嘲是“单身狗”，说同学聚会其实是集体“虐狗会”。

和单身花儿聊天，得知她们一个个择偶的要求其实并不高——男人的钱财多少不是问题，要的是情投意合。很遗憾，男人不靠近她们，有靠近的也是奔着她们的美好容貌而来，仅仅只是靠近罢了，玩尽暧昧，不说婚嫁，还美其名曰："美女难养，丑妻近地才是家中宝。"

为美女心动的事，我也有一桩。

读书的时候，有个女生，她长得好，家境好，穿衣用物都是精良的。那时的我是多么喜欢她啊，但我却有些自卑：我个子不高，人人都说女孩子喜欢高大威猛的；我没有钱，站在衣着光鲜的她面前，心底不觉又矮了几分；我口才不好，遇着她虽有满心欢喜但讷讷不能成言。所以，我从来只是暗暗爱慕，遥远地关注着她的一举一动。

后来毕业各奔天涯，一次聚会又再相逢，谈及当年，我才知道其实她也爱过我，只因为我总是远远地避着她，看上去较冷漠，她以为我不爱她。由于女孩子的矜持，她也就只远远地关注着我。

什么，我冷漠？看来我的演技真不错。如果时光可以重回，我情愿放弃这演技，我不要当影帝，只想和她在一起。

时隔多年，知道真相后的我好不唏嘘感慨。也只能是唏嘘感慨。

好想当年很勇敢。爱她，就大大方方地说出来，要全世界都知道；她爱不爱我，那是她的事。可惜当年没修得这勇敢。

哪里是美女难养呢？是男人没胆量。

这世间有多少美女，因男人没胆量靠近而寂寞单身？

当然，不排除某些女子挑剔，旁人看来足可打一百分的男人在她们眼中却有大把瑕疵，而这些瑕疵是可忍孰不可忍，所以她们宁愿单身，宁愿继续等待一百分的男人。

说到底，她们不过是不愿委屈自己而已，像飞鸟爱惜自己的羽毛。

谁见过哪只鸟儿不爱惜自己的羽毛？谁也没见过。

不将就，不委屈，自己开心就好。

晚一点真的没关系

这世界上很少有不想恋爱不想结婚的女人，多的是恰巧单身的女人。

单身不是罪。

或许有人常常会自我调侃：哎，姐妹们，帮帮忙，给我找个好男人，让我早点嫁出去啊。

比如说灵灵，我们常常会聚在一个聊天群里谈天说地，而不管是谁谈到有关婚恋的话题，灵灵都会冲出来喊："谁手上有单身男人，帮我牵红线，事成，请吃大餐请喝喜酒！"

"你怎么到处嚷嚷，好像真的嫁不出去了一样。"我说她，"女孩子嘛，矜持一点，别动不动就摆出恨嫁的姿态！"

灵灵大笑："谁说我恨嫁？我哪里恨嫁了？一群人在一起，总要有个人去活跃气氛吧。我不好拿别人开玩笑，我开自己的玩笑让大伙儿乐乐还不行吗？"

单身女子可以自我调侃，但往往不会容许别人拿这事儿调侃说笑。就像某天穿了一件衣裳，出了门后突然发现搭配得不如意，她可以嘲笑自己不会穿衣，但旁人要说她不会打扮，那可真是犯了大忌。

对一个单身女子，最好赞美她对生活有追求，爱自己，不随便，宁愿用一大段光阴等待一个对的人，也不肯随便找个不三不四的男人谈情说爱。

这并非违心的谬赞。

看看身边那些单身女子你就会发现，她们大多都是高学历高智商高收入，姿色也不错。为什么单身呢？因为她们择偶的要求高，大有“拣尽寒枝不肯栖”之势。

男人呢？不够优秀的男人不敢靠近她们，肯靠近的男人又入不得她们的法眼，如何谈情说爱，又如何谈婚论嫁？

世界说大很大，说小很小，大到走了那么久，还没跟对的人相遇；不过也可能在下个街道的转角，两个最对的人就遇着了，从此世界丰盈，岁月温柔安好。

没关系呀，那就再等一等，只要走着走着那个人忽然出现了，只要是那个对的人，晚一点也没关系。

不把自己随便托付给一个你不爱的人

在电影《东邪西毒》中，独居沙漠深处的欧阳锋说：“花什么时候开是有季节的，马贼什么时候到却没有人知道。”

爱情就像马贼，没谁知道什么时候到。

同事小雅，她生得好姿色，有一份薪水不错的工作、一套属于自己的房子。亲朋喜欢她温柔沉静善解人意，上司器重她睿智稳重勤勉肯干。她这样的女子，似乎生来就是为收获人们赞美的。然而，她也不是没有烦忧——想要的爱情，等待的王子，迟迟不见踪影。

对于男人来说，有无爱情或许并不重要，他们需要的只是女人。

而女人则不一样，她们天生是爱情的动物，花再好，月再圆，若无温暖美好的爱情，纵有万般良辰美景不过亦是虚设，有千种风情又与何人说？

小雅视爱情为生命，无爱不欢。

她曾有过两场爱得死去活来的恋情。在每一场爱恋的最初，都是男欢女爱，许下许多山海盟誓，说好一生不离弃，执手偕老。而最后呢，却是男的离去，女人黯然心碎。

想想分手的理由，实在好笑。其中一个男人说越爱越恐慌，只因小雅太过优秀，令他心生压力；另一个呢，根本就是个风流坯子，女人如花，他是蜂蝶，招了这朵又去惹那朵。

小雅对此看得明白："离开的，都不是真心爱我的。他不爱我，我又何必为他牵肠挂肚？幸好他及时离开，若他待到我人老珠黄时抛弃我，那才是悲事。"小雅还说，"哪个女人不曾爱过一两个混蛋呢？"

然而，小雅的父母却焦灼了起来，他们深知女人最好的光阴不过那么几年，经不起虚耗。四处张罗，安排了一场场相亲。小雅为使父母安心，每次都会准时赴约。男人见了一个又一个，胖的，瘦的，高的，矮的，相貌堂堂的，举止猥琐的……当然，一个都不满意。

如果爱情也有一双眼，毋庸置疑，这双眼会十分挑剔。

小雅认为，女人要爱自己，爱自己就绝不能委屈自己，要穿自己喜欢的衣服，交可以谈心的朋友，而男人，因要与之共度人生的漫长岁月，更不能有丝毫勉强。

与其随随便便找一个男人不情不愿地结婚，不如一个人清清爽爽地享受来去的自由。

感情没个着落，美丽的小雅难免落得个“剩女”之名。

“剩女”真是个不礼貌的词儿。一个“剩”字，甚有廉价之嫌。

如果对应“剩女”这个不礼貌的说法，也来句不礼貌的回应，那便是：别人是否单身是否结婚，关你屁事？

爱自己，就不要把自己随便托付给一个不爱的人。

“不将就”是爱情最大的讲究，也是对婚姻最大的尊重。

不将就，不是金钱上的不将就，不是生活条件上的不将就，而是在情感上的不将就。

对待恋情与婚姻，千万不能将就，不能凑合。无论什么时候，都不要认为随便找一个人凑合过就可以了。因为你是在用一种很不讲究的心态，去做这辈子对你来说很重要的一件事。

一个女子漂不漂亮，有没有钱，有没有才华，这都不重要，重要的是，要勇敢地去追求一份属于自己的不将就的感情。

跟对的人在一起能让你找到真的自己，看到全世界的美好。为此，足以值得不将就、不刻意、不委屈。

对的人还没来，就再等等。

做讲究的事，做不将就的人。

不是嫁不出去，而是不嫁出去

耐心等待！风车从不跑去找风。

——安迪·J·斯克利维斯

我为的是我的心

爱自己，这是每个女人都应持有的生活态度。

一个不爱自己的女人，把自己低到尘埃里，卑微谨慎，即使恋爱结了婚，想必也难得幸福。

单身女子一定要清醒自知，不是不想恋爱，也不是不想结婚，而只是恰巧单身。

千万不可以有“病急乱投医”的心态，认为周围的人都恋爱了结婚了，自己还孤身一人,是件尴尬甚至羞耻的事。更不可以为了早点结束单身生活，而急急忙忙相亲又急急忙忙结婚——除非你想过不了多久又急急忙忙离婚。

急急忙忙去恋爱去结婚，这是不爱自己的女人为了向年龄和生活交婚姻的差,敷衍了事。这种态度,太不负责任了。

一个爱自己爱生活的女子,她愿意花一些时间等待,静静等待,像兰花等待三月,玫瑰等待四月,明月静候满山岗的风掠过松林,松涛阵阵,又寂寞又美好。对,三月会来的,四月会来的,而从遥远的遥远的地方赶来的风,它会在明月升起的夜晚,和松林翩跹起舞,大声歌唱。

一个爱自己爱生活的女子，她不屑理会谁人前人后明嘲暗讽她独身一人,因为她自己最明白,她为自己的心而活,为真爱而活。

在《红楼梦》里,林黛玉惯常会说一句“我为的是我的心”。好一个“我为的是我的心”!

只对自己的心负责，自然没必要对任何人解释为何会单身。

对什么样的人,说什么样的话。对牛不要弹琴,牛听不懂,牛也很烦。话,只说给懂的人听,不是每个人都值得你浪费口水。同样,爱也只给珍惜你、值得你爱的人,否则你的爱便是廉价的。廉价的,人们弃之不惜。

单身怎么了？快乐并不少

生活是一场接一场的等待。

年幼时,等待长大;读书时,等寒假等暑假;毕业后,磨练自己，一边提升各方面能力，一边等一份更如意的工作；最让人左右顾盼的是，在长长的人生之路上，等一个能绾结同心白首偕老的爱人。

只要活着，人人总在等待。

人是感情的动物，无爱不欢。等待爱，等待被爱。

说到等待爱情，或可聊聊刘若英。

这个歌手，人们唤她作“奶茶”。所谓奶茶，其没有红酒的高贵典雅，也没有咖啡的精致摩登，但却自有一种温润香浓的芬芳。刘若英即是如此。她不是那种珠光宝气的明星，却自有独特的光芒。唱歌，演电影，写书，样样拿得起，样样精彩，唯独爱情不如意。

世人皆知，她曾有过一段很长很长的时间很爱很爱她的音乐领路人陈升。人生不如意事十有八九，她遇见他时，他已“使君有妇”。爱情这东西甚为奇妙，爱了就爱了，有时明知是错竟也很难能割舍甘愿深陷。很长一段时间，她都在等待，并不期望他为她而离婚，只想安静地做他的恋人，等一个温暖贴心的拥抱，但他却不能给。

他是个有准则且以准则行事的男人。如果不能给她爱情不能给她婚姻，就心如铁石，除了音乐上的指引之外，什么都不会给她。不玩暧昧，彼此自然会磨灭妄想。

后来，刘若英终于释怀，解放自己，解放他，开始了新的生活。等待着，在新的爱情里收获崭新的幸福。她等到了钟石。

交往一年后，刘若英和钟石结了婚。她喜欢听钟石用一口醇厚的京片子，读书给她听。读到两个人都有触动的地方，他们就停下来，交流心中的感受，说说各自的往事……经常读着读着，说着说着，窗外的天空就黑了。看着窗外的灯一盏盏亮起来，他们有一种相依为命、地老天荒的感觉。

其实，从 15 岁开始，刘若英就梦想着，有朝一日遇到一个爱的人，好好地在一起，好好生活，做个贤妻良母，让他时刻觉得回家是一件温暖而又安稳的事情。

在未婚前，有记者采访刘若英："有人说你是'五星级剩女'，对此你作何感想？"

刘若英笑了："说我是'五星级剩女'，但我听到的只是'五星级'，我听不到'剩女'。即使是'剩女'也不打紧，我很开心我这'剩女'是'五星级'的。"

记者又问："一直一个人生活，你孤单吗？"

"我觉得孤单是你想另外一个人的时候觉得孤单，如果你想自己的时候，你不孤单，因为自己有好多事情要做。"

刘若英曾说："我一个人可以去做很多事情：逛街，看电影，喝咖啡……有一天我在家里，给自己煮了很好吃的牛肉面，配上新鲜的蔬菜，坐在阳光包围着的餐桌前细细品尝。我突然觉得，一个人的生活，真的也很不错嘛，就让我这样自己过一辈子，也没什么不可以。"

是啊，为什么要因一人生活而感到孤单呢，有那么多美好的事情等着你去完成。除非你找不到美好的事情，找不见生活的乐趣。

独处，能够自得其乐，感觉到万物皆备于我，这是构成幸福的最重要内容。

无独有偶，娱乐圈的另一个才女——徐静蕾也迟迟未婚。恋爱谈了好几场，行行复行行，仍是单身。她大学毕业时，认为毕业了就要快快结婚生子，可惜遇到的男人都不适合结婚。不适合的，坚决不要。

委曲求全而得来的爱情或婚姻，往往后患无穷。

同样，有记者采访她，谈到单身谈到"剩女"话题："在很累时会不会想到自己干脆嫁个人，做个小女人算了？"

徐静蕾说："我早已习惯别人说我是'剩女'，让他们随便说去吧。也有人总是问我对'剩女'有何看法，你认为我是'剩女'吗，我当然不是！我可抢手了！要结婚的话，我随时可以结！"

这气度，值得每个单身女子学习。

单身怎么了？单身只为想等一个对的人。结婚，对女人来说，如果愿意结，一点都不难。但婚姻大事，关系到一生的幸福，并非过家家，岂可随便?!

单身，却不恨嫁，这其实可以是一件很美好的事，意味着你有更多的私人空间、更多的选择、更多的约会、更多的被追逐和宠溺。

当然，一个人只会感觉到自己本身。在独处时，一个可怜虫就会感受到自己的全部可怜之处，而一个具有丰富思想的人只会感觉到自己丰富的思想。

不善独处，单身便觉世事皆可悲的人，也不配拥有热爱，和谁在一起都不会得到快乐与自由。

永远相信美好的事情即将发生

某网站曾就"单身女子为什么单身"这一话题做过调查，其结果如下：

85%的女子因等待一份心动的爱情和一个心仪的男人而单身;10%的女子为钓金龟婿过锦衣玉食的生活,利用单身这份自由而东挑西拣; 另有 3%是被爱情伤透心,不愿再谈感情;仅 2%想尽快嫁掉,对男方的要求浅之又浅。

由调查问卷可以看出:单身女子,大多是因为尚未遇到心动的爱情和对的人。

的确,哪个女人不渴望一份浪漫爱情呢? 又有哪个女人不想遇见这样一个男人:看着顺眼,相处舒服,彼此谁都不为对方改变什么,你有你的棱角我有我的棱角,但各自却犹如两个齿轮,你的恰好合着我的,一咬一合,轮子转动起来,生活幸福又美满。

很多美好的事情不是想就能拥有的。在拥有之前,有时得用上很长一段时间去等待。

不畏等待,只怕将就,怕凑合。

虽然是这繁华世间的平凡人,拥有平淡的人生,但即使如此也还是要认认真真地对待自己的人生。如果仅仅是为了结婚而结婚, 仅仅因为身边的人都嫁了而匆匆忙忙随随便便地也选择了婚姻,那就是辜负了爱情本身,辜负了婚姻,也辜负了自己。

足够挑剔,足够满足。

你心中要有一杆明明白白的秤:不是嫁不出去,而是不嫁出去。

在多少岁恋爱结婚真的不重要, 重要的是和你共度余生的那个人是最对的人。你们有相同的爱好,在一起时有说不完的话,相处起来很舒服,你可以做真实的自己和最好的自己，你们在一起的每一刻都感到幸福。

那人还没来，且等着。

纵使单身也要活得精彩，活得花枝招展。

倘若把自己的生活过好，每天都是一个积极的状态，大抵也不会有人担心你的感情问题，催你恋爱催你结婚，因为你已足够优秀，对的人和优秀的人会主动来找你。智慧女子，不强求，不将就，先让自己变得足够好，丰富自己的生活，寂静等待幸福到来。

你要相信，迟早会有人举着戒指对你笑，说着“余生请你多指教”。在此之前，你只要做好自己就好，总有一个人会穿越人海来到你身边。

最好的爱情和最对的人，你值得拥有。

永远要相信美好的事情即将发生。

你优雅，全世界都为你而光明

一个女孩必备的两样东西：优雅和美丽。

——可可·香奈儿

优雅的女子运气不会太差

单身是一种选择，选择听从自己的心，爱自己，不将就，不像对待陌生人一样随便打发自己。

美丽也是一种选择，只看你愿不愿意。

最靠得住的美丽往往和容貌无关。容貌如花似玉，那是一种漂亮，而漂亮则是一种天赋，这种天赋往往经不起岁月的琢磨。但美丽却不一样，美丽是一种选择，亦是一种态度，一种能力。美丽的人，任岁月推敲，越来越美。

因为，最靠得住的美丽源自内心的优雅。

优雅是女人最漂亮的外衣。

什么是优雅？

优雅是一种女人香，就像香水，洒在肌肤上风干后，看不见，摸不着，但又能真切地感受到那香味所带来的愉悦。

优雅是一种力量，它是使女人美丽地屹立在大地上的力量。拥有这种力量的女人，最动人。

知名主持人靳羽西女士曾说过："女人在可以站着的时候，就一定要坚持站着，而且还要保持漂亮的样子，优雅地站着，这是对自己的尊重，也是对别人的尊重。"

每个女人都应使自己拥有优雅，就像鱼儿有水、飞鸟有天空。

如果说女人似水，那么优雅的女人就可以水滴石穿，用智慧获得爱与尊严。外在的美随风易逝，肤浅也耐不起寻味，而优雅的女人用丰富的内心世界和对生活的智慧把握，可以让自己成为一棵有一万种风景的花树。

优雅的女人运气通常都不差。

穿上衣服，你会感觉更好

成为一个优雅的女人，并不难。

有句话说"细微之处见端倪"。又说"细节决定成败"。是的，细节很重要。

说每一句话，做每一件事，在细节处都会生发出动人的美。每一个细节皆彰显着个人品位，是所谓的细节美。

着装最能体现一个女人对美独到的见解和追求。一个人不能妄谈拥有自己的一套美学，但应该有自己的审美品位。

在人与人的互动行为中，衣着是你向人递出去的第一张名片。不要拿朴素来做挡箭牌，从容貌、发型、服装、饰品、体态、声音、气味，美丽的女人注重每一个细节，一切只为得体而优雅。

你要有自己的着装风格。如婚恋择偶一样，永远只选对的。每个人的身材都有缺点，最对的衣服就是帮你掩盖缺点、发挥优点。所有好看的搭配都是扬长避短的搭配。若是照镜子觉得穿得很丑，那就是不适合你的衣服，夸大了你的缺点。

你要找到那些“看起来就是你的衣服”的衣服。

把眼光放得高些，学会挑剔，从款式、材质、颜色到剪裁、工艺……道道门槛都要过，不要因为对某一个元素的偏爱就忽视了其他方面。哪怕只拥有几件出色的衣服，也比一柜子穿不出去的要强。

此外，随着年龄的增长、职位的改变，你的穿着打扮也应当与之相称。也就是说，你的衣服要与你的年龄、身份一起成长。

穿什么衣服，从很大程度上来说是在向世界传达一个信号：我就是这样一个人。是所谓“穿衣认知”。

穿衣认知，不仅是“衣服说了你什么”，还包括“衣服对你说什么”，即衣服让你产生的感觉。你所选择的服饰既向你周围的人传达着信息，也向你自己传达着信息。

譬如情绪糟糕时，当你穿上某种风格的衣服时，其实是可以改变你的内在自我的。费解吗？想想你化妆前和化妆后的状态吧。你的衣服犹如演员的戏服，穿对了就能够加速你角色性格的表达。

我有个朋友是造型师，她的口头禅是："穿上衣服，你会感觉更好。"你能理解这句话的真意吗？

你穿什么 你就是什么。

当然，认清自己适合穿什么，这需要智慧，更需要在生活中去尝试。

不妨问问朋友："你觉得我穿什么衣服最好呢？"问你最好的朋友，问你最要好且最有品位的朋友，她会告诉你真相。

穿对衣服，你也是优雅女神。

略施粉黛百媚生

优雅的女人会化妆。

化妆是一门艺术。

化妆，一个优雅女子的必备品。

雕塑面部，并非是为制造一副假面，而是从面部表现出内心的光亮。

春秋刺客豫让说："士为知己者死，女为悦己者容。"女人化妆不单单是为"悦己者"，更是为了"取悦自己"。

其实，化妆更大程度上是自己的事，是出于自己开心和对自己负责。

在梳妆台前，在化妆的过程中看到变化了的自己，怎会不觉得快乐呢？通过检阅自我的容貌而获得愉悦的心情及自信，会使人更具神采。

说化妆，并非要你浓妆艳抹。如果你不是演员，浓妆艳抹便是一件很怪的事。

那种浓到自己都认不出来的妆容，就不要去尝试了。

不浓妆艳抹，但一定会有完美的淡妆。略施粉黛，是尊重自己，也是接纳更好的自己。

无论处于什么年龄段的女性，都可以用淡妆来修饰自己。

淡妆不仅看起来自然无瑕，而且还有减龄的作用。

简单淡雅的妆容，清透自然，举手投足、转眸回首间，你是那样轻盈温婉，如高贵的白天鹅，尽显优雅。

至于化妆技巧，你懂得很多，不是吗？

每个女子都应当掌握一些化妆的技巧，能在适当的场合适当化妆，呈现出一个容光焕发、气色绝佳的自己来。

你一开口，就把自己暴露了

优雅的女人会说话。

谁不说话呢？说话是人之本能，开口交流，完成人和人之间的沟通。但如何把话说得恰到好处、让人舒服，却是一门艺术，也是一种智慧。

《圣经》中说："说话浮躁的，如刀刺人；智慧人的舌头，却为医人的良药。"又说："口善应对，自觉喜乐；话合其时，何等美好。"

喜乐美好地说话，也并不难，只要你"三思而后言"。

在开口说话前，要先问自己三个问题："我讲这句话的动机是善良的吗？我讲的话都是有凭有据的事实吗，此时此刻适合说吗？话脱口而出后，对听到的人有益处吗？"

三个问题如果答案都为"是"，那就随你去说吧。

把握好说话的场合、说话的内容、说话的时机，讲合宜的话；用春风般的语气讲温柔的话，讲智慧的话，讲可堪造就的话。污秽的言语，一句也不出口；随时说造就人的好话，叫听见的人得益处。如此，说话的人也会得到喜乐美好。

这就叫会说话。

会说话，重在技巧。比技巧更重要的则是修养。

有句话说："你一开口，我就知道你是谁。"

又有句话说："你现在的气质里，藏着你走过的路、读过的书和爱过的人。"其实，你说的每一句话每一个字都藏着你读过的书、走过的路和爱过的人。

说话，体现的是一个人的修养。一个人思想、才能、学识如何，其一开口就全都暴露了。

说话的技巧虽重要，但要谈吐尽显优雅则须有深厚的修养做底。

有修养的人，知深浅、识轻重、明尊卑、守道义、懂高低、讲规矩，自重、自觉、自制，待人宽厚仁德，处事通情达理。

有好修养，说话自有分寸，听者愉悦，如沐春风。

内有修养，外有技巧，这就是说话的艺术。

活出美感，活成自己喜欢的样子

优雅源于内心的丰盈。一个容貌漂亮的女人未必优雅，而优雅的女人则一定美丽。

心优雅，有光华。

优雅女人的气质像竹，亭亭玉立淡然从容，即使她衣着简单朴素，人们还是很容易就捕捉到她不俗的光华。

优雅，这是一种像世间最好的香水一样香，又很有力量的品质。

说到香水，倒使我想起那个叫加布里埃·可可·香奈儿的女人来。这个优雅的女人了不得，她在 1913 年创立了“香奈儿”品牌，此后这个品牌的每一种产品都驰誉世界，尤其是“香奈儿 5 号”香水。香奈儿本人也喜欢这款香水，她说该香水的研制灵感来自于融合了奢华和优雅的花束，其香浓的气味如女人的勇气，弥漫着一种性感的胆识和智慧。性感女神玛丽莲·梦露毫不讳言道：“我只穿香奈儿 5 号入梦。”

优雅，似香奈儿 5 号；优雅的女人，美丽得令人难忘。

对于女人来说，什么都可以放弃，唯独不能放弃自己的优雅。当你连优雅都没有了的时候，你就真的是一无所有了。

如果你优雅，全世界都会为你而光明。

你又怎会不富有呢？足够丰富，才足够优雅。因为优雅伪装不来，也模仿不来。

没有谁天生就拥有优雅。恰到好处的穿戴，收放自如的举止，温柔有趣的言语，这一切都源于良好的修养，而好修养则源于自我不断的修炼。

优雅，是时间，是阅历，是在时间和阅历中持续吸收智慧，从而活出一种明媚坦荡而又从容自在的生活态度。

优雅的人，知道如何和全世界相处，更知道如何和自己相处。这样的人，无论单身或成婚，都会生活得幸福。

厚爱自己，修养自己，去优雅地生活，无论在什么地方，无论和谁在一起，无论平凡或繁华，都会活出美感来。

活着，就要活出生命的美感，活成自己喜欢的样子。

欠自己的旅行，要还给自己

旅游是获得愉悦感和浪漫感的最好方式。

——麦金托什

终此一生，就是要遇见更好的自己

你有多久没出去旅行了？

如果你都不记得上次出行是在什么时候，那你真得好好检阅一下自己的生活，是否像一张弦绷得太紧的弓。更要问问自己的心，生活得快乐吗？

人长大后，似乎总有忙不完的事。但是，再忙也要抽出时间让自己放松一下。勤劳有时，闲逸有时。

旅行，是给心灵放假的一种好方式。

说走就走的旅行或许不太容易实现，毕竟生活有着诸多牵绊。而来一场预谋已久的旅行，倒是可以的。旅行何必说走就走，慎重计划一番或许更容易得到快乐。

有首歌唱道："我一个人吃饭旅行到处走走停停，也一个人看书写信自己对话谈心。"旅行应该是这个样子，走走停停，悠悠哉哉，看山看水，总是开心。

旅行是宠爱自己的最佳方式。在行走中发现世界更多的新奇，在行走中遇见自己更多的可能。

不必跟随旅游团，也不必约上三五好友。要知道，和多个人在一起，你的行走路线就由不得你自己，因为你要照顾太多人的情绪。跟着旅行团就更身不由己了，是导游为你安排路线，在某个地方停留多长时间也是导游安排，哪怕你很爱很爱一个地方，想多停留一会儿多看两眼，但导游说要离开就得离开了。

不如就一个人，去旅行。用好奇心看世界。

旅行的意义，是遇见更好的自己。

在路上，让自己的身体慢下来，在与大自然的和谐交融中让自己重新与自己联结，心变得柔软又安宁，看清那个在忙碌生活中总是来不及细细检视的自己，熟悉自己。

人最熟悉的是自己，最陌生的也是自己；最亲近的是自己，最疏远的也是自己。人有一双眼睛，看世间、看他人，就是看不到自己；能看得到别人的过失，却看不到自己的缺点；能看得到别人的贪欲，却看不到自己的吝啬；能看得到别人的奸邪，却看不到自己的愚痴。有多少人能够真正看清自己呢?

我们需要看清自己。

在路上，远离父母、朋友、同事和工作，远离所有熟悉的支撑物，暂时脱离一个个人化的、独特的和分离的身份，我们面对的就只有我们自己——赤裸裸的一个自己，一个我们一直与之生活却从未想要真正面对而且令人“不安的”陌生人。现在，我们有大把的时间，静默地和这个陌生人单独相处。

相处，为的是更加熟悉、更加热爱。

我们终此一生，就是要找到真正的自己。

世界那么大，你要去看看

在旅行的时光里，你不属于工作，不属于任何一个社会角色；不属于过去，也暂不琢磨未来。你可以恍若一张白纸，自由呼吸，随意涂抹。

背包、车窗外的风景、旅馆、沿途遇见的陌生城镇的人文风情、山山水水，一切都不同于你所生活的那个地方。

双脚所踏上的远方的每一寸土地，土地上的人群，人群里陌生而又有趣的人，人群之上的湛蓝天空，自由自在浮动的白云，云下山水……你在其中，心是柔软的，你听见自己的心平平静静又结结实实地跳着，有花开的声音。

没有什么比用自己的脚步探索新地方更加妙不可言的了。

世界那么大，就是要到处走走看看。

到处走走看看，一直往世界深处行去，你会越发明白，在路上，你不为见识多少有趣的人，或饱看多少美好的风景，而是在经过的人和风景里突然重新认识了自己，重新定义了生活。

能决定一个人的，不是机遇不是选择，而是眼界，见过世面的眼界。

人和人的区别，首先在于眼睛里看到的东西不一样。眼界决定心界，心界决定境界。眼界立身，心界立德。

旅行就是为了去见世面，观天地辽阔，识众生善恶，开眼界，开心界，更好地遇见自己，找到自己的路。

在路上，走过一条条未知的路，一直走下去，看见的是许多未知的美好。这是个很好的体验。在此后的生活中，你再也不会畏惧未知，因为你已明白，不朝前走，你永远不知下一秒会碰到什么。而朝前走，或许有风雨，但更会遇见未知的美好、辽阔的快乐。

在路上，遇见许多美景，然而除了一颗深受触动的心、除了照相机里定格的一帧帧画面外，你什么都带不走。生活本就如此，世界本就如此，很多东西，虽然很美，你喜欢，但却是你带不走的，是不属于你的。

何谓得失？其实本无所谓得失，“得”和“失”皆来源于“计较”，不“算计”不“比较”，也就无所谓得和失。

想通了看清了这一点，你也就变得淡然和豁达了。再面对生活、面对诸事，该放松便放松，该洒脱便洒脱。

要懂得控制自己的欲望，适可而止，知足，生活会变得非常美好。

和世界温柔相处，便是和自己温柔相处。

这都是旅行教会你的事。

旅行或有艳遇，艳遇有毒

旅行会遇见有趣的人，发生有趣的事，美其名曰：艳遇。

“艳遇”，多暧昧的一个词！

想想看：在旅途中，人们的大部分时间是待在沉闷的、运动着的、有时是飞翔着的小房间里，长途跋涉——密封窗稀释掉大部分外景，到晚上，如果你乘坐华北到华南的夜行列车，只能当镜子用的车窗已足够让你烦了；可要是穿越大西洋的夜间飞行呢——整整12个小时，在海拔数千米的高空，不知身在何处，完全丧失了方向感，飞行又是如此完美，没有气流和云团，一片漆黑，机舱纹丝不动……男人女人们在密封的小房间里百无聊赖，但终归该干点什么。干什么呢？环顾四周，发现只有两样东西可看：表上的时间和漂亮的异性——因此，旅行将充满着艳遇，枯燥乏味的长途旅行尤其如此。

在有些人心中，艳遇就是偶遇某个看着很顺眼的人，聊天、吃饭、泡吧、喝酒，最后在半睡半醒间脱衣上床。好多人因此上瘾，名为背包旅游，其实心灵深处盼望着一次又一次艳遇，就像吸毒一样，时间越久毒性越大。

在他们心中，旅行不仅是行走了，至少艳遇该是旅行的一半意义。

若是这样，实在是辜负了旅行。

要知道，有时候，一个不该发生的艳遇，往往会给人带来烦恼，甚至是灾难。

我有个朋友，她去旅行，本想是借出游实现自己少年时就有的漫游祖国边陲的梦想，然而，艳遇防不胜防，“像一条冰冷的蛇，在夜班车的睡梦中，悄悄地靠近我。”

她说：“那一夜，流星第五次从银河坠落。在身体的抵死纠缠中，我被流星击中了，颓然倒地，一簇情花刺穿哥伦比亚冲锋衣，深深地扎入我身体。”身负情花之毒，她后悔莫及，早早结束了旅行，提前回到自己工作、生活的城市。

本以为事情就这么结束了，没想到对方居然跟踪而至，显然，事情还没完。接下来，她经历了一番从天堂到地狱的折磨，那折磨来自“情花之毒”。

她说：“情花，有刺，性寒，剧毒，无解药，持久折磨，雨天发作，苦痛尤甚。”

于是，她怕了艳遇。

当然，并非每次旅行都能有艳遇。艳遇可遇而不可求，说穿了要看你有没有那个缘分。

如有，怎么办？

请提醒自己不要陷入。

就算那份心动确确实实让你尝到了愉悦，也莫陷入。

当不可遏止的春情欢愉勃发喷涌时，你知道那是真爱，还是像背包里的一张CD、一本诗集，只是旅途中的情感慰藉呢？

大多数旅行艳遇，都像是背包里的一张CD或一本诗集，只是旅途中寂寞的慰藉。

当你回到自己生活的城市，你或许会发现，曾经的一切恍然一梦——一个你可能会后悔的梦。

实在不必非要等到痛过之后才知先前的种种渴求——那些欲望，那些暧昧的激情，其实均是毒药。

旅行，是为壮阔自己的心界，为释放困在心中的搞怪使坏的小兽。如果旅行后竟添新伤，何必远行？

若有缘,旅途中遇上怦然心动的人,请有礼有节地保持相互欣赏,说说话,谈谈心,足够了。当旅行结束,各自回到自己的城市,再想起来,还是感到愉悦,多美丽的一场邂逅。

这世界上有很多有意义的事等你去做

德国诗人赫尔曼·黑塞曾说过:“旅游就是艳遇。”

我猜,他所说的“艳遇”一定不是使人中“情花毒”的“艳遇”,而是沿途遇见美好的人、美好的风景。

背上行囊,暂时离开久久生活的地方,汽车开,火车开,飞机起落,客船汽笛声声,在这辗转里,眼前的风景、人、事交换,恣意享受明媚的阳光,自由流淌的风,清清河中不慌不忙的柔软水草……这一切,都让你觉得时间在这里已毫无意义,生活原本就该有如此闲散的部分。

带上灵魂,随自己的意,自在行走就是最温柔的艳遇。

艳遇又何必是帅哥美女一相逢,恰似金风玉露?

有时,是一个眼神的艳遇,在相遇的眼睛里读懂了自己。

有时,是微笑的艳遇,微笑中感到冷淡下的温柔。

有时,仅仅是精神的艳遇,思想的共识……

在探寻未知世界时,你会碰触到自然的、先进的、更大的或是更小的世界,但每一段旅程、你遇到的每种世界,都在触发着新的人生。

当你满世界飞的时候,你是在收集关于生活的经验和感受,但要消化它们,你却必须安定下来。旅行为你准备了盛宴，等你回家后慢慢去品味。

旅行，不管出发的理由是逃离、解脱、叛逆、孤独、疲惫、厌倦、心累、思考……不管是为什么，没关系，地球是圆的，旅途的最后我们终归要回到原有的生活中。生活就是，无论你在世界上的哪一个角落，你都需要一个房间、一张床，需要衣食住行。

一段旅程完结，另一段崭新的路即将开始。看过更远的风景、行走过更多的路，你会发现，在这世界上有很多有意义的事等着你去做。

这便是旅行的意义。

或许旅行并不重要，也可能毫无意义，生活的重点，并不是你身在哪里，而是你看见自己的心在哪里。

做你想做的事，成为你想成为的人，这是最重要的。

女神，你的房子呢

每个女人都要有一间自己的房间。

——弗吉尼亚·伍尔芙“

做自己的房东最自在

你住的房子是租来的吗？

如果是，那么，你是时候为自己买一所房子了，哪怕仅仅是很小的户型。

我先给你讲个小故事，我认识的一个叫苏小美的女子的故事。

苏小美刚到这个城市的时候，和大多数“漂一族”一样是房子住。那时候，房东整日在耳边唠唠叨叨，催交房租，催交水电费、管理费、上网费等等乱七八糟的费用，甚至还很自作聪明地和她谈人生大道理……

是可忍孰不可忍！苏小美觉得，再这样折腾下去自己肯定会“英年早逝”。于是，她决定自己买房，至少落个耳根清净。

苏小美在一个不大但十分讲究的小区挑中了一套一室一厅，总价也不高，按揭，每个月还贷才一千多一点，丝毫不影响生活质量。其实，先前她租房，每月的房租也有一千好几呢。

更令苏小美喜欢的是，刚买了房子没多久，她就认识了现在的男友，这男友还有车有房。经过一段时间的相处，彼此确定，眼前人便是对的人。现在，两个人已将谈婚论嫁提上了生活日程。

苏小美说，是那套属于她的房子给了她好运。

关于房子，苏小美是这样认为的——女人也不一定非要在婚前自己买房，但要是买了至少有一个好处，不必为了房子嫁一个自己并不爱的人。

是啊，至少可以气定神闲地去挑男人，只选最对的。

当然，你不能因为自己有一套房子就用趾高气扬的态度去看男人。倘若真是这样，很可能生活和男人都不会中意你。

你的房子不会欺骗你的感情

还有一个故事，也是发生在我身边的真实故事。

对于 28 岁的单身女子陈娇来说，她买房子只为求得一个安定感。

陈娇拿出所有积蓄，又向父母借了一些，买了一套两室一厅。现已欢喜入住。有房后,虽说安全感和幸福指数大大提升了,但压力也大了,很有一种“辛辛苦苦几十年,一夜回到解放前”的感觉。

不过,陈娇认为这没什么不好。

没买房子前,她是个懒散的人,对工作抱着无所谓的态度,似乎随便有个不开心的事她就可以拂袖而去,不为五斗米折腰。现在则不一样了。她要供房啊,这可不是闹着玩的。于是,工作很上心很卖力,所谓天道酬勤,一分耕耘一分收获,认真工作的陈娇业绩很出色,在本城业内竟也闯出了名头。

有能耐,自然要高就。陈娇打算,有机会再换份更好的工作,收入力求再高一些。

谈起房子的重要性来,陈娇这样说:“房子不会欺骗你的感情。”

男人有可能欺骗你的感情,但是你有房产权的那套房子,却不会欺骗你的感情。

买房后,陈娇总结出了一套“房子男人经”:“房子比男人忠实,它就是房子,不会甜言蜜语伪装,不必担心它是狼还是羊。房子是保值品,尤其升值后还不会嫌你是个黄脸婆。房子比男人有安全感,今天这个男人可以对你嘘寒问暖,把你捧成手心里的宝,明天或许就翻脸无情,赶你出门,连行李也不帮你提。但房子不一样,它今天是温馨的港湾,明天还是你的快乐家园,它比男人值得投资,它永远属于你一个,永远深情地等着你,不用担心背叛、抱怨和猜疑。”

这番话虽略有偏激,但也不无道理。

你认为呢?

没有房子，你的心放哪儿

有一所属于自己的房子真的很重要。

没有房子，你的家放在哪里？

家是什么？家是一个“放心”的地方。

盛放你的心。

在外面你凡事要三思后谨慎而行，在家里你可以随心所欲，只要你不妨碍自己的邻居。

没有房子，没有家，你的心放哪儿？

你在等着有个男人为你买房子吗？

你自己给自己买吧，如果经济条件允许，一定要买。

20世纪女性主义先锋人物弗吉尼亚·伍尔芙不是说过吗，每个女人都应该有一个属于自己的房子。

在自己的房子里，想做什么就做什么。哭或笑，唱歌或沉思，如果你愿意，你甚至可以邀请闺蜜举办个欢乐派对，大家谈天、跳舞，或者喝上几杯。

在自己的房子里，哪还需要忍受什么房东对你叽叽喳喳？这是属于你的房子，你的世界，你完全可以按照自己的喜好去布置所有房间，什么风格都随你，只要你喜欢。

当然，你恋爱了，你可以搬到男友家去住。但是你知道，感情这东西实在很难说，谁知道哪天两个人会突然干起仗来了。当你和他干仗后，你还愿意呆在他的房间和他同床共枕吗？

或许你会想着找个地方静一静。

如果没有属于自己的房子，你能去哪儿呢？

去闺蜜家？拜托，关系再好，人家也有自己的生活，你愿意厚着脸皮去招人嫌吗？再说了，倘若“不惮以最坏的恶意揣测人”，你知道的，人都有一些灰暗心理，看你过得不顺心或许你的闺蜜会莫名其妙地感到开心，真应了那句话：“你有什么不开心的，说出来让我开心一下。”你愿意拿自己的痛苦去成全别人的快感吗？

住旅馆？咳，那只会让你更难过。你兴许会悲凉地想，在这偌大城市居然没有你的立足之地。

要是更倒霉的，哪天失恋了，你去哪儿呢？天黑了你去哪儿呢？你早已为了那个男人把自己的生活都丢光了，原来的那些朋友你兴许早已不联络了，你先前租住的房子也早就退掉了，能去哪儿呢？

如果你有一所属于自己的房子，那么一切就都不一样了。无论处于什么样的境况，你都可以有地方取暖，或如受伤的小兽躲在洞里舔舐伤口。

如果是在自己的房子里，恰好你那不长进的男友也住那儿，哪天恋爱无法再继续了，你大可怒吼一声：滚，这是老娘的地方，你少猖狂！

算来算去，还是有一所属于自己的房子比较划算。

安全感，你要自己给自己

“我要一所大房子，有很大的落地窗户，阳光洒在地板上，也温暖了我的被子。”孙燕姿这曲《完美的一天》，大抵唱出了每个女人心中的梦。房子，是一个承载着女人无限梦想的地方，一个安全的所在，可以释放泪水和寂寞，也可以结束一段漂泊。

房子的主角注定是女人，因为没人比女人更懂房子、更爱房子。这个世界上有多少种女人，就有多少种女人和房子的“房”事。

女人就应该有一套属于自己的房子，拥有自己独立的生活空间，能无拘无束地按自己的方式去自由地生活。有自己的房子，不只是物质的占有，还是精神的独立，既张扬了个性，又活出了自我。

女人有了属于自己的房子后，生活的品质会提高很多。当然，接触优秀人士的机会也会高很多，因为你有还房贷的压力，导致你拼命工作，你越努力工作你的人生就越出彩，你越出彩你身边的优秀人物就越多，所谓“人以群分”嘛。

对于任何一个人来讲，经济不独立就不能算是真正的独立。女性也不例外。买房子可以算是对经济独立的最佳注解。

女人要独立，爱自己，靠自己，做自己。

不要等待别人来斟满你的杯子。如果你能先将自己面前的杯子斟满，心满意足地快乐了，自然就能将满溢的福杯分享给周围的人，也能快乐地接受别人的给予。你们是平等的，平等地互相需要，快乐来得更快乐。

不要在看过别人的很多故事后，见过很多车辙，你还是把自己的生活过得一塌糊涂。不要仅仅了解生活的道理或探讨人生的意义，不要只是了解或探讨。懂很多道理，却仍过不好自己的生活，这很可怜。你要知行合一，做一个爱自己、对得起自己的人，活出自己的价值来。

就算要琢磨生活的意义，在自己的房子里琢磨，是不是更接地气？

女人的美丽是睡出来的

我除了睡觉和休息，从没有其他的锻炼。

——马克·吐温

腾不出时间睡觉，迟早要腾出时间生病

家是放心的地方，也是睡觉的地方。

你会睡觉吗？

这个问题听起来有些怪怪的。

但真的有人不会睡觉。

我有个朋友，她就不会睡觉，或者说，她很不舍得花时间去睡觉。

大多数时候，我见到她，都忍不住叹气道："你这算什么呢？"

神色黯淡，大黑眼圈像熊猫——当然，熊猫很珍贵，看起来十分可爱，而我那朋友，头发蓬乱又无光泽，本来挺漂亮的一个女孩子自己把自己整得看起来不那么可爱。

她还不自知，满脸得意之色，对我声讨道："你不是常在我耳边嘟囔说女人要爱自己吗？我喜欢去酒吧嗨，为了证明我爱自己，我就不委屈自己，想去就去。"

呀，有没有搞错？

喜欢去酒吧，当然可以去，但你总不能彻夜狂欢，剥夺自己的睡眠时间吧。

睡眠，充足的睡眠，这有多么重要！对于女人来说，睡眠是最好的美容品。

她嘻嘻笑称："青春苦短，我现在不尽情享乐，等老了，想去疯都没精力了啊！"

我只好说狠话了："你腾不出时间睡觉，迟早你要腾出时间生病！"

有人越睡越胖，有人越睡越苗条

"青春得意须尽欢"，这话不假，但尽欢也得有好身体做后盾是不是？觉都不睡，哪来的好身体？

如果说是为了工作，要加班，要熬夜，没办法想睡就睡，这或许还有情可原。而倘若仅仅是为了去酒吧或什么夜店去嗨而不睡觉，那就无法原谅了。

爱自己，首先要照顾好自己的身体。

经常熬夜，再美丽的女子都会看上去很憔悴。就算你事后去 SPA，那也是于事无补的。不如睡个好觉，睡到自然醒，皮肤像喝足了养料，红润可人。

充足而高质量的睡眠，是女人最好的美容品。

另外，睡觉和身材也有着很大关系。

据智利《信使报》报道，相关专家在对 6.8 万名女性进行的长达 16 年的跟踪研究发现，睡眠多的女性体重增加的可能性比较少。更值得注意的是，科学研究发现，那些平均每天睡眠少于五小时的女性，她们的发胖几率是每天至少睡七小时的女性的三倍。

为什么呢?

这其中有两种说法：一是睡眠减少会导致控制食欲的荷尔蒙分泌失调。一个荷尔蒙分泌失调的女人，她怎会不发胖？二是睡眠少的人更容易疲劳，因此锻炼更少、吃得更多。

如果适当地增加睡眠的时间，比如保持每天睡眠不少于八小时，这样不仅有利于健康，还是避免发胖的好办法。

哪个女子不想自己身材健美婀娜多姿呢?

那就好好睡觉吧，宁可少一些夜晚的娱乐活动也要保持充足的睡眠时间。

好好睡觉有学问

睡觉可不是躺在床上闭上眼睛那么简单，这其中其实大有学问。

大有学问，并非是说其中有多么高深的道理，不过是看有没有沾染睡眠的“恶习”；如果没有，你也是个大有学问的人。

看看有哪些“恶习”吧。有则改之，无则加勉。

你经常睡前生气吗？

在生活中，不如意事十之八九。谁没个小忧愁小烦恼呢？但不要动不动就生气，尤其不要在睡前生气发怒。气怒攻心，会使人心跳加快、呼吸急促，然后是思绪万千，翻来覆去难以成眠。

睡前你是不是吃撑了？

吃饭也是有“潜规则”的，最重要的一条是：早宜好，午宜饱，晚宜少。

如果睡前吃得太饱，你的胃肠就得忙碌工作了，因为它们不愿意食物堆积如山。可是，它们一加紧消化，就会不断刺激你的大脑。大脑有兴奋点，人便不会安然入睡，正如中医所说——“胃不和，则卧不安”。

你有没有睡前饮茶或喝咖啡的习惯？

茶好，咖啡也好，喝的时间不对就不好了。茶或咖啡中都含有咖啡碱等物质，这些物质会刺激中枢神经，使人兴奋。若睡前饮用，特别是浓茶或浓咖啡，中枢神经会更加兴奋，使人不易入睡。

你是不是深夜还泡在健身房？

人们工作忙，生活节奏快，整天像陀螺似的转个不停。光苦干不锻炼身体不行啊，但锻炼身体又没那么多闲暇时间。不少人选择夜晚去健身房跑步或做其他运动。锻炼身体当然好，但睡前的剧烈活动会使大脑控制肌肉活动的神经细胞呈现出极其强烈的兴奋状态，这种兴奋在短时间里不会平静下来，那么，人便不能很快入睡。

所以，一定要合理安排运动的时间。睡前应当尽量保持身体的平静，否则会严重影响到睡眠。不要花了钱去健身，反而买回来失眠，这是得不偿失的。

你是否知道，“高枕无忧”是骗人的？

很可能，枕得越高睡得越不舒服。

从生理角度讲，枕头以 8-12 厘米高为宜。太低，容易造成落枕，或因流入头脑的血液过多，造成次日头脑发涨、眼皮浮肿；过高，则会影响呼吸道的畅通，易打呼噜，而且长期高枕易导致颈部不适或驼背。

你喜欢枕着手睡觉吗？

睡时两手枕于头下，除了会影响血液循环、引起上肢麻木酸痛外，还易使腹内压力升高，久而久之还会产生“返流性食道炎”。

你常常蒙头盖脑睡觉吗？

不少人睡觉时爱用被子蒙头盖脑，理由是怕光或怕吵等等。可是，以被蒙面很容易引起呼吸的困难；同时，吸入自己呼出的二氧化碳对身体健康也很不利。所以，睡觉时不要做“蒙面侠”。

你是不是张着嘴巴才睡得舒服？

使你觉得舒服的并非都是健康的，比如张着嘴巴睡觉。

中医养生学上讲究养元气，闭口夜卧是保养元气的最好办法。

张口呼吸，入睡，弊端很多，比如说会吸进灰尘，还很容易使气管、肺及肋部受到冷空气的刺激。

在夏天为贪图凉爽你会迎着风睡吗？

人体睡眠时对环境变化的适应能力会降低，易受凉生病。风为百病之长，善行而数变，所以，睡觉的地方应避开风口，床离窗、门应有一定距离为宜。

你喜欢坐着睡觉吗？

有些人吃饱饭后会往沙发上一坐，打开电视沏壶茶，感觉蛮惬意。可能是因为工作太累了，看着电视就睡着了，这就出现隐患了。

因为坐着睡会使心率减慢、血管扩张，流到各脏器的血液也就少了。再加上胃部消化需要血液供应，从而加重了脑缺氧，导致头晕、耳鸣等现象的出现。

以上关于睡觉的坏习惯，你有吗？

请参照自身加以反省，有则改之，无则加勉。

下面的就更重要了，因为是关乎女人养颜美容的。

女人爱美，但爱美也要讲究方法。这就需要你在睡前做一些功课了。不难，但很琐碎。可是，为了美，你不要怕麻烦。

是这样的：

如果可以，晚餐尽量避免或少量摄取盐分及酒，以免晨起时面部及眼睛的四周出现浮肿。

知道怎样一边酣睡一边养护秀发吗？睡前不妨在发根抹上不用清洗的护发素，细细按摩，晨起时便会拥有一头乌溜溜的秀发。而睡前用缎带松松地绑住发根，晨起时只需稍稍梳理，头发就会显得蓬松饱满。

睡前请记得卸妆，洗脸。

容易失眠的人，睡前不妨喝杯牛奶，因为牛奶中所含的成分具有松弛神经之效。

每天要有充足的睡眠，尽量不少于八小时。

保证充足而高质量的睡眠,不要拿“工作忙”或“及时行乐”的理由来剥夺自己的睡眠时间。

你要谨记:睡觉真是一件美丽的事情。腾不出时间睡觉,迟早要腾出时间生病。

常回家和妈妈谈谈

我之所有，我之所能，都归功于我天使般的母亲。

——亚伯拉罕·林肯

一个女人和另一个女人之间的爱

一生中，爱情重要吗?

没谁能说不重要。

可你得知道，除了爱情之外，还有一些东西也是重要的。纵使不能说会比爱情重要，但至少也应该是和爱情一样重要。就算有一天，最爱的那个人离开了，带走了你的爱情，至少你还有亲情。

爱情能给予你很多，亲情更能赐予你双脚坚强地站立在大地上的力量。

在没遇见爱情之前，每个人都是依靠亲情而活着的。那是来自于父亲和母亲的，也来自于另外一些亲人。他们给予你欢乐，给予你温暖。

对于一个女人来说，在长长的一生中，很多很多人都可以不在乎，但有三个人却是你一生都没办法不在乎的：父亲，母亲，还有你的丈夫。

尤其是母亲。

对于一个女人来说，你和母亲之间的爱应当是这世上最深厚也最有趣的爱，因为这是一个女人和另一个女人之间的爱。

女儿对母亲的依赖是无处不在的。从出生开始女儿就被母亲捧在手心里。窝在母亲温暖的怀抱里，闻着母亲的香味，女儿怎么也舍不得离开。母亲同样舍不得放下小小的女儿，直到有一天女儿长大。

刚刚学会走路的女儿时刻让母亲提心吊胆，生怕路不平桌子长角椅子挡道，总之，在女儿蹒跚学步的路上母亲始终会弯着腰陪伴女儿。女儿一不留神摔了碰了，母亲一定最先去打那个“不听话的桌椅”，帮女儿解气。

女儿上幼儿园了，母亲又忙着倾听女儿放学回家后喋喋不休的汇报，从中午吃什么，到和班上哪个小朋友关系最好，女儿事无巨细地说，母亲一丝不苟地听。

女儿上小学了，上中学了，母亲越来越听不到女儿的悄悄话了。终于，女儿有了自己的朋友自己的社交圈，和母亲说话的时间变得越来越少。但母亲始终关注着女儿，关注着女儿的成长，关注着女儿的变化。

女儿恋爱了，母亲比女儿还要紧张，男孩的家庭背景、个人履历……母亲要把好关，才能放心地把女儿交给男孩。

终于，女儿出嫁了，母亲既高兴又失落。高兴，是因为女儿长大了，开始新的生活了；失落，则是因为女儿离开自己了，自己也老了。但不久，女儿生了孩子，母亲的工作又开始了，又重复着为女儿所做的一切，去忙着照料女儿的孩子。

母亲就是如此平凡又伟大，永远都是女儿的靠山。

而你，在你成年之后，离开故乡，去遥远的异乡生活，你会常常回家看望自己的母亲吗？或者说，你有多久没有想念你的母亲了？是否把所有的心思都给了爱情或工作？

女人虽弱，为母则强

我曾听说过这样一个故事：

有一个女孩，心地善良，从小到大，只要没有原则问题，母亲都是随着她。所以，女孩认准的事情没有人能够改变，也许就是这样，让女孩养成了任性霸道的脾气。老天也是那么宠着这个女孩，她上学、工作样样顺利，没有任何磕绊。

女孩到了恋爱的年龄，相中了一个男孩，父母都认为这个男孩不合适，可是女孩又一次任性了。

女孩的母亲是一个教师，也是个要强的女人。在苦难的年代，母亲养活六个孩子和三个老人，从来没有掉过一滴眼泪。但是当母亲知道最疼的女儿找了一个认为不合适的男孩托付终身，背着女儿哭了三天。

女儿没有了解父母的苦心，依然坚持，最终与她认为可以托付终身的男孩结婚了。虽然这样,女孩的母亲还是祝福她,默默地帮助她,母亲从心底里祈祷女儿幸福,母亲最疼女儿,女儿是母亲的心。

时间飞逝,母亲在家乡安度晚年。在一个夏天,他们已经三四年没有见到的女儿忽然回来了。女儿从天而降,母亲不知道是惊喜还是兴奋,流下了眼泪。母亲嘴里不停地叨唠:“看看你,瘦了,黑了。”

母亲摸着她女儿的脸,高兴地说:“好不容易回来休假,妈妈好好给你养一养。”女儿强忍着眼泪,没有流下来,高兴地一个劲儿点头,女儿知道妈妈的心。

七天假期,女儿终于真的有时间回来了,他们心里别提有多高兴了。可是没过两天,母亲发现女儿好像有心事,就小心地询问女儿,女儿不想让母亲担心,总是强装笑脸,说是因为工作太忙了,累的。

纸总包不住火,女儿小心翼翼地探听母亲对离婚是怎么看的,母亲笑一笑说:“如果我的女儿离婚,那肯定有她的原因。但是我知道,我的女儿很幸福。”

女儿终于忍不住了,抱住母亲痛哭,就像小时候受了委屈,只能是在母亲的怀里,痛痛快快地哭一场。

“妈妈,我离婚了。”

母亲没有任何表情,周围静悄悄的,好像时间都停止了。女儿感觉到母亲的心在阵阵地疼。

母亲拍了拍女儿的头,平静地说:“其实,我早感觉到了,你这么匆忙回来,丈夫也没有给你打电话,我就想到了。”

母亲拉着女儿的手,安慰女儿说:“我没有主动问你,是想让你自己说出来，因为我不愿意这是真的。可是既然已经发生了，你也应当早点告诉我们，不应当把自己的身体累成这样才回家。”

女儿抬起头问：“妈妈，你没有怪我吗？”妈妈微笑着，摇了摇头。

女儿说：“当初我没有听你们的话，任性地找了他，还伤了你们的心，你为什么不骂我啊？”

母亲眼里都是泪水，把女儿搂得更紧了，亲亲地说：“傻孩子。”

这个女儿是谁呢？或许是你，或许是你认识的她；我们见过的不少女子，都曾扮演过这样的角色。

而那个母亲，天下所有母亲莫不如此温暖又伟大。

女人虽弱，为母则强。

如果母亲是条鱼，她就会剥下自己的鳞片给儿女做件衣裳。

在这不完美的世界，母亲是完美的

无论你有多忙、处于一种什么样的境地，都请你一定要抽出一些时间来给母亲。常回家看看她，和她说说话，说说你的生活、你的爱情、你的工作。或者什么都不说，你们就那样静静地相互守着，心总是快乐的。

或许曾经有那么一些时间，你和母亲，你们之间有一些小矛盾，你甚至会嫌弃她絮叨，以为她不懂你。但是，总有一天你会发现，母亲曾对你说过的每一句话都是好的，都有益于你。

也总有一天，你很想你的母亲在你耳边唠叨，但是，再也不能了,因为她去了一个很遥远的地方,再也不会回来。生老病死,这是大自然的规律。

为什么一定要等到一切都来不及的时候才恍然大悟又痛不欲生呢?

不要等到那一天。趁着一切都还来得及,去和母亲谈谈吧。

你是女人,她也是女人,她是经过岁月风雨洗礼的女人,和她谈话,你会更懂得如何做一个更好的女人,更懂得如何爱自己。

比如说,你们可以谈谈男人,甚至谈谈性。没什么好害羞的。这些都是很寻常的事。即使不谈,那些东西也清清楚楚地存在着。不如就将母亲当作你的闺蜜,好好谈谈,获取一些生活的经验。

有时候,可能你还没有觉得不好启齿,而母亲一谈到性就不自在。但你终会发现,这世界上没有人比她更在乎保护你,并站在你的立场上做出明智的选择。

其实,你与母亲进行的关于性的最艰难谈话恐怕是第一次的时候。你抛出这个问题,使母亲意识到你已经不再是小孩子了。母亲可能还没有完全的心理准备要进行这么重大的谈话。要使谈话轻松的一个方法是早早开始。在你有疑问时,不论疑问多小或者多么令人尴尬,一定要开始问。可以在你们洗碗时随意地提出问题。如果当面问你感到太不自在,那么可以写一张小纸条。这样可以让母亲主动,让她先开始谈话。

这也是你们沟通的一个好途径,使你们关系更融洽的一个契机。

与母亲沟通的最大益处就是,当需要解决问题时,她总是会“曾经经历过”。你的问题可能与她成长过程中面对的问题不同,但她曾碰到得过更多的困境,这开阔了她的视野。不论你与母亲相处的如何,但她经历过很多,而且把你的最大利益放在心上,即便看起来似乎并不总是如此。

如果你不同意母亲的观点,不要急。如果你变得愤怒,应当检讨一下,停一会儿,从 1 数到 10。如果还平静不下来,那就数到 50,但是不要大喊大叫或是发脾气。冷静地告诉母亲你的感觉,但不要抱怨。告诉她,你不同意她的观点,并试着想一个你们可以达成的折中方法。

你们可以闲谈。谈谈天气、谈谈你最喜欢的电视剧或者生活中的一些趣事,像对待一位你想要了解的新朋友那样对待她。

你们可以一起吃饭。吃饭不仅仅是喂饱自己的身体,还是聊天、加深关系并且分享经历的很好时机。即便你们都很忙,也要留出时间在早饭、晚饭甚至夜宵时坐到一起,共享一顿饭。

在开始几次令人不舒服的谈话之后,你会发现同母亲谈话并没有想象中的困难。以年长且更睿智的眼光看问题,可以全面地看待事物并且帮助你做出适合自己的选择来。你可能不会同意她所说的每一件事,但是她与你谈话时心中充满着爱和关心,这是最佳之处。

是的,要试着同母亲好好相处。要多找一些时间,陪陪母亲。陪她坐坐,说说话,让她常常看见你,你是好好的,她就很知足很幸福了。

在这个不完美的世界，母亲是最完美的。

爱情会背叛你，朋友会背叛你，工作会折腾你，但母亲不会。母亲只会爱你，一辈子都爱你，并且不求回报。

无论任何时候，只要你需要，只要你愿意，她的怀抱都会为你张开，拥抱你，给你最深的温暖。

闺蜜是一种奇妙动物

一个知己就好像一面镜子，反映出我们天性中最优美的部分。

——张爱玲

和她肆无忌惮地
谈一些肆无忌惮的话题

女人有一个可爱的天性——爱甜蜜地扎推。这一扎堆，就成了“闺蜜”。

有一部名为《欲望都市》的美剧受千万人追捧，那不过是讲了纽约市曼哈顿的四个女人，她们都事业成功，都时髦漂亮，都已不再年轻却自信魅力四射。她们共享彼此间牢固的友谊，也都面临着共同的问题：在这座充满了欲望和诱惑的都市里，如何寻找属于自己真正的爱情和归宿。

四个女人，她们聚在一起经常会讨论双性恋、性病、像同志的异性恋男人，还讨论一个女人一生中经历多少男人才算太多等等话题。她们很好地阐释了这样一个道理：友谊是女人可以期待的最好依归，而男人则只不过是蛋糕上面的糖衣。

她们也告诉了世间所有的女人，同性之间的友谊对于女人的重要性。

这就是人们常常说起的“闺蜜”了。

较之“朋友”，闺蜜听起来更亲切，犹如冬日阳光照射心底，有着别样的温暖和甜蜜。

女人的友谊或许不像男人之间那样满腔热血、肝胆相照，但却更为细腻和持久。对于女人而言，闺中蜜友不仅没有男女之情的焦虑和变数，而且更为亲昵可靠。在男人面前收敛的很多真性情，在闺蜜面前能够得到最大的释放。

为什么呢？

因为女人的心事只有女人最懂。女人之间更习惯于那种温暖和琐细的沟通和交流，而随之所产生的亲昵和依赖也只有她们自己最能心领神会。从结伴去洗手间到一起读书、逛街、扮靓、认识男人，女人间的很多事情是男人所不能了解的。

“共同点”是女人之间交往的基础，比如共同的生理现象，对宠物和衣饰的相似偏好，以及同样的生活习惯或情感挫折，都会让女人快速产生心理上的认同和亲昵感。她们总能很快找到彼此间的共同点。

当女人对一个男人倾诉太久，男人会因为她的喋喋不休而感到厌烦。但另一个女人却会表示理解甚至是积极参与。女人有太多的心事要说给女人听。

况且，女人对平衡更加苛求，似乎天生就明白投桃报李所起到的良性作用，但男人则更倾向于不求回报的义气。所以，当一个女人请另一个女人吃饭，另一个女人往往会回请她看电影，这无疑会深化友谊。

还有，男人富于攻击性，而女人则具有防御性。因此，男人能够独居，女人却习惯于群居。女人会因为群体行动而安心。

或许女人比男人更惧怕孤独，女人对亲密友谊的需要比男人更多，而且更强调情绪上的满足和情感来源的可靠性。保守一个外人不知道的秘密，会加强女人之间的连带感，与此同时，信赖感和忠诚感也会得到巩固与确认。

更重要的是，女人在与同性的交往过程中不仅收获了友情，还能通过对方不断地对照自己、矫正自己，使自己更加适应社会。

那么，也就很能理解了，为什么有的女人宣称："女人可以没男朋友，但一定要有闺蜜。"

女人怎么可以没有闺蜜呢？闺蜜就是那个你可以和她肆无忌惮地谈一些肆无忌惮的话题的朋友。

"能说到一块"是维系好闺蜜友谊的重要因素。

女人喜欢以谈话来作为宣泄自己情绪、释放心中的压力与不快的管道，于是女人间友谊的建立往往就在于对方是否愿意倾听且听得懂，最好还能产生共鸣并且互动。

因此，若想跟另一个女人建立起闺蜜关系，就是要会听也愿说。女人就在说与听之间，达到了释放心灵的“救己”。

关于闺蜜的分析报告

闺蜜，所谓“闺”即“闺中密友”，所谓“蜜”即“糖蜜”。

“闺蜜”又有类似“好友”或“死党”这样的称呼，称呼再怎么变，不变的是她们的友谊，她们在一起没心没肺地胡侃一通，在失恋时一起哭，酩酊大醉，相拥着回家……

但是，女人间的和谐与男人间是不一样的。男人间的和谐可以是土豆汤式，你是奶油我是土豆不分彼此地融合；女人间的和谐却似凉拌菜，虽亲近但分彼此。

破坏男人间的和谐需利益冲突，男人间的深仇大恨大都缘于伤害或利益，男人要是不喜欢对方只是不喜欢而已；而女人的分分合合都很容易，没有利害关系也能相互对立，只要不喜欢就可能变为仇视。

这个女人被一个即使不相关的男人夸奖，或者是有一个人人爱恋的老公，甚至只是笑声更爽朗、眼神更妖媚，都可能会成为不被喜欢的原因，并可能会得罪另一个女人，而且彼此背景越是相当得罪得就越深。同学或同事尤甚。

所以，混在女人堆中要想相安无事，就得低眉顺眼。如果非要做个串味儿的香菜，就会被人家一起打入装盘点缀、配菜提味的辅料行列。

当然，拥有闺蜜会有很多直接的好处。

你们可以分享相似的情感经历或是情绪感受，比男性朋友更容易产生共鸣。

你们可以一起逛街，讲心事，谈隐私，胡扯，你的意思她不仅明白而且理解。

有闺蜜，你便等同于拥有了免费的感情顾问、服装搭配师、义务的美容师，遇到麻烦她还会主动承担起“狗头军师”的职责。甚至在你流落街头的时候，多一个收留你的地方；没钱花的时候，至少可以去她那里蹭饭。

闺蜜有时比男友还能更清楚地记得你的生日、纪念日。闺蜜更是你随叫随到的情绪“垃圾桶”。

在每个女人的人生旅途中，都会拥有或曾经拥有几个闺蜜。也许你们会很久不见，但每一次见面都无话不谈；也许你们曾有过嫌隙，但一遇到难题却谁也离不开谁；也许，经历了生命的挫折挣扎之后，你们会彼此倾诉，相互温暖；也许，很多时候，当你都已经遗忘了自己的过往之时，她却还为你收藏着那时的糗事……

谁会成为你的闺蜜

和你一起长大的那个女孩子，更容易成为你的闺蜜。

或许事情是这样的：你和她，你们两家是邻居，谁家有事，大人就会把孩子托付给另一家照顾。因此，你和她曾在一个碗里抢过饭吃，也一起尿过床，一起对父母撒谎，互相为对方开脱，你们看着对方成长为少女，一起为女性的生理现象恐慌和保密。当然，你们也会生气，但不到半天就会和好。从彼此身上，你们发现了另外一个自己。而在工作以后，则会越发体味到这种知根知底的朋友难得、可贵。

一般来说，世交和邻居是缔结亲密无间型闺蜜的普遍原因，共同的生活背景和相似的童年会成为日后友谊的坚实基础。对对方家庭以及经历的了解，会让彼此在交往当中更有安全感。

你的同窗好友，她也很容易成为你的闺蜜。

比如说，读书时，你们同一个宿舍，她和你住上下铺，经常会挤在一张单人床上分享一些小秘密。有时候，是共同听电台里的一首歌；有时候，是一起嘲笑某个迂腐的老师，更多的是对男生的评价和最初萌动的春心。

同窗同学，因为共同经历了少女的成长过程，分享了很多只有同龄的少女才能理解和认可的心事，因此更容易产生心理上与情感上的认同感，更容易成为闺蜜。

或许，你的闺蜜就是你的同事。

你们特别要好，因为在一个部门，很多工作都需要你们通力合作，想不交好都难。周末，你们一起逛街淘宝，两个人一起和店家砍价；有时，你们还会一起做饭吃，她做饭你洗碗，或你做饭她洗碗，分工合作。

工作上的互助与互补，会让很多职业女性迅速产生友情，而彼此的相互维护更容易让这种小团体牢不可分。如果工作之余还能参与到彼此的生活里，起到好参谋和好帮手的作用，那么，成为“闺蜜”不可避免而又自然而然。

也可能是萍水相逢的人，因为彼此的气场较接近，你们也就成了闺蜜。

比如说在朋友的聚会上，当你偶尔提到乡村民谣，有一个女子立刻如数家珍地接了你的话。那天别人都散去了，你们又转到一个咖啡馆继续聊，每个话题都能引起共鸣。心灵上的良朋知己可遇不可求，一旦遇见了，这种交流所产生的精神愉悦便会无可估量。你发现，你们之间，无论是审美、价值观还对事物的认识深度，甚至连一些小动作，她都和你很像，怎会不做闺蜜？

你们十分享受思想碰撞所激发的火花。

闺蜜虽好但要相处有道

两个人在人海中相遇，这是莫大的缘分。

相识简单，相处却是一种考验。

如何才能维持闺蜜的长久性？

你要以诚相待，用真诚去感染别人。为人正直、善良、坦荡荡，这是必须的。有目的性地交朋友，是交不到真心闺蜜的。

你要宽容待人。人无完人，想想自己也有做错事情的时候，也就不会太苛刻地去要求别人了。

不要贪小失大，要目光长远，将心比心，心胸宽广。

不要恶语伤人。如果无意中伤害了别人，要及时补救，好闺蜜会理解的。

要学会倾听，也要学会替闺蜜保守秘密。女人都有倾诉的欲望，听了就听了，能帮助和开导闺蜜那就去尽力，但绝不能成为闺蜜隐私的传播者。

任何时候，都请适度欣赏、赞美对方，以心交心，彼此体谅、包容，共同学习与成长。

闺蜜也能赐予你双脚坚强地站立在大地上的力量。

此外,如果遇到小心眼或者嫉妒心强的女伴,不必正面冲突,更不用讨好,适当地远离就可以了。

这就是闺蜜呀

那个陪你逛街试衣服的人;那个能把你每一瓶指甲油都试一遍的人;那个总为了晚上吃什么,能和你纠结一下午的人;那个你请吃饭都挑不贵的地方,会宰男人可不会宰你的人;那个你有异性没人性时不会想起她,可受伤后会第一时间陪你舔伤口的人……这就是闺蜜,对吧?

闺蜜就是那种——今天吵、明天笑,近了烦、远了想,不见时挂念、见面时讨厌,自己能欺负、别人不能欺负的——奇妙动物。对吧?

所有的人都说你很坚强,只有她劝你别逞强。

她强大得可以把你的眼泪瞬间变成笑声。

你们的要好,并不是在一起时有说不完的话,而是不说话时在一起也不会感到尴尬。

在别人眼中,你们亲密到恍如同性恋。

而你知道,她就是这世界上的另一个你。

穿越人海,她来你身边,做你非血缘关系的姐妹。

有时候你会觉得,你可以没有男朋友、没有钱,但你不能没有她。

有时候你会想,下辈子做个男人,娶了这辈子你最疼爱的且最疼爱你的——她。

有人问你,想要什么样的生活?你说,有一个稳定的爱人,有几个随叫随到的闺蜜,这便是你想要的生活。

把自己修炼成“财女”

一生能积累多少财富，不取决于你能赚多少钱，而取决于你如何投资理财。钱赚钱胜过人赚钱，要懂得钱为你工作，而不是你为钱工作。

——沃伦·巴菲特

女人一定要有别人无法拿走的东西

并不是每个女人都有机会嫁给有钱的男人。

对于智慧的女人来说，即使不嫁给有钱人也能过上好日子。

知名主持人梁文道说过：“一个女人一定要有自己过好日子的能力，要有别人没法拿走的东西，这很重要。”

别人没法拿走的东西，是什么呢？

投资理财应属其一。

全面的投资理财，绝不是男人的特权。

女人理财，让自己更有钱，不光是为了拥有名牌包包、高级时装或其他享乐，而是为了更有资本更有底气去拥有真正的自由人生。

此外，女人在家中往往都是掌握财政大权的，一个家庭中，主妇有没有理财观念、会不会理财，从一定程度上来说决定着这个家庭的幸福指数有多高。

对于一个热爱生活的女人来说，首先她应当是会生活的，应当是个“生活家”。而对于一个“生活家”来说，不会理财真是美中不足，或者说不够格称为“生活家”。

别说你不是理财的那块料

有组调查数据显示，20 岁到 50 岁的女性最想拥有的东西便是“财富”。如果要她们回顾过去 10 年最后悔没做的一件事，则是“没有做好理财规划”。

何必要等到悔之晚矣？

理财，从现在开始吧。

在现代社会，无论你是美女、才女、淑女，或其他特质的女子，你都要让自己先成为“财女”——有着高财商的女性。

如今，女性理财已成为一种趋势、一种潮流，这是女性智慧的体现，也是女人享受金钱的态度。

要追求独立自主，你就要先把自己修炼成“财女”。你不仅要懂得赚钱，还要懂得理财，学会投资，为自己规划一个“有钱途”的未来。

不要说“我不是理财那块料”。

在男女平等的社会里，你的赚钱能力不输男人，在理财上也要迎头赶上。

其实，好多女性都是理财能手，不过，有人一听说“理财”两字就抛出话来了：“我现在还年轻，用不着理财！”

到了不得不做的地步，才想着去理财，这是个错误的想法。

你应将理财视为生活的一部分，自你有可自由支配的钱财时起，你就要积极追求财富的打理、增长。

不要说“我只把钱存在银行”。

有调查显示，不少女性最常使用的理财工具便是储蓄和保险。这样的理财习惯，可看出女性寻求资金的安全感，但她们却忽略了“通货膨胀”这个无形杀手。

还有一些女性常常跟随亲朋好友进行相同的投资，却忽视了自己的财务需求。不适当的理财模式，反而会造成财务危机。

要说女性理财的最大敌手，非“消费”莫属。

有调查数据显示，女性主导了一般家庭70%的消费。在所有的消费群体中，女性占据了绝对重要的位置，不仅是因为女性喜爱购物的本性，还因为女性拥有的购物实力。

更有句玩笑话说：“一个成功的男人背后一定有一个伟大的女人，但马云除外，他成功的背后有千千万万的女人。”这虽然是句玩笑话，但却印证着一个事实，即女性已成为网购消费最大的贡献者。

活在网络时代的年轻人们，可能几乎没有人未尝试过网购。网购有许多优势，其不仅价格便宜、购买方便，还能让你有足够多的机会去挑选自己满意的东西。那些从未见过、从未吃过、从未用过的新奇玩意儿,动动手指就能送到家里来,也难怪会让人欲罢不能。同时,也有许多人沉迷于此无法自拔,甚至是盲目消费、过度消费。

女性爱美、爱消费,这本没错,但消费也要有原则,不能盲从。

消费绝不仅仅是花钱,而是智力活动。任凭商品多么眼花缭乱、价格怎样打折,只购买自己喜欢的、适合的和需要的,这也是消费的原则,或称之为理性消费。

在理财前,先适当调整一下自己的消费习惯,做到理性消费。

你不理财,财不理你

美国理财专家大卫·巴赫曾说过:"那些渴望精明理财提升生活质量、增加个人财富的女性,她们首先要做的就是更新观念。"

更新什么观念?

主动理财。

你不理财,财不理你。

很多人认为,理财是有钱人的事情,所以手中只有几万元钱并不值得理会。其实,理财并不仅仅是一个金钱上的概念——不是谁赚钱越多谁就越会理财。它是一个全面的概念,从家庭的柴米油盐酱醋茶,到婚丧嫁娶;从孩子的教育,到父母的养老费安排;从家庭的重大投资,到家庭的安全保障等。让有限的钱财发挥出最大的效用才是理财的真谛。

你要学习一些理财知识，了解相关的技巧。

你更要为自己设定一远一近两个目标，这样你再花钱就会有所顾虑。

为了应对意外的花销，平时要存出一笔专门的应急款，这样才不会在突然需要用钱时动用定期存款而损失利息。

每月发薪后，将其中的一定数目——比如20%存入银行，从此决不再打这笔钱的主意，那么若干年后这就将是一笔可观的财富。如果不这样做，这笔钱将很容易被花掉，而且你也不会感到生活宽裕了多少。记住，这笔存款只是专门的应急款。

更重要的是，你要试着进行多项投资。

一般来说，女性对于需要冒险精神、判断力和财经知识的投资方案总是有点敬而远之，认为那太过麻烦。但是当你简单地将钱存入银行而不去考虑投资回报和通货膨胀的问题时，或太过投机而使自己的财产处于极大的危险之中时，你却忘了这将给自己带来更大的麻烦。

最后，还是和消费有关，那就是，要精明购物，要坚持记账。

对于每个人来说，实惠的含义各不相同，有人可能是大甩卖时的拣货高手，有些人则信奉宁缺毋滥的购物原则。总之一句话，购物时千万不要随大流。要记住，适合别人的不一定适合你。

记账呢？记账可以帮你找出自己消费中的漏洞，还可以作为制定下个月支出、调整消费结构的依据。

Part 2

活明白了，不为难爱情，更不为难自己

他若只是喜欢，你又何必夸张成爱

只愿君心似我心，定不负相思意。

——李之仪

我亲爱的少女，谢谢你喜欢我

喜欢不等于爱。

说来好笑，“喜欢”并不等于“爱”，一开始我并不知道，竟以为这两者是相等的。

在少年时，我爱上了一个少女。

她多像一个高贵的公主，明眸皓齿，靓衣靓衫，我记得第一次见到她时就心跳如雷。那时候，我虽尚懵懂，不懂爱情，但我就是想和她在一起。

有一天，我终于按捺不住，递给了她一

张小纸条，上面写着：我喜欢你。

对，那时候我认为说出“我喜欢你”就等于表白了“我爱你”。为了证明我是真爱，并使她知道我将来能给她幸福的生活，我向她承诺：如果我们在一起，我一定会好好读书，考一所好大学。

那时候，我认为，只要我考上了好大学，就有能力给她幸福生活了。

她给我回了信，也是一张小纸条：“我承认我喜欢你。”

看着这几字真叫我开心。

不过，后面的话却犹如给我当头泼了一盆冷水：“你是一个不错的小男生，但是喜欢不等于爱。”

喜欢不等于爱。她真是一个智慧的女孩子，在少女时代就将这道理参悟透彻了。

喜欢他，就和他做朋友；爱他，才和他做恋人。

做朋友，究竟是隔了一定的距离，他所呈现给你的都是好的，不好的他都带回家了，你看不见自然不会生厌心。即使他偶尔将坏的一面暴露在你面前，对你来说也没太大关系——你们只是朋友，一言不合，各回各家冷静，再相见又是一团欢喜。

而做了恋人呢？这是要朝暮相处日夜相随的，一个锅里吃饭，一张床上睡觉，同一个枕头。如果仅仅是喜欢，他的缺点，要你天长日久地忍受、包容，恐怕你力气不够。

很多年后，我想，如果那年那月我对我亲爱的少女表白的是“我爱你”，结局是否会不一样？

或许没什么不一样，因为聪慧的女子永远都知道自己要什么，更明白自己不要什么，且懂得拒绝。

喜欢就是喜欢，爱就是爱。喜欢是一种心情，爱是一种感情，二者合一最能见真情。

喜欢和爱不同，这是在我少年时一个少女教会我的事。

喜欢是“想靠近”，爱是“离不开”

喜欢和爱不同，就像温水与热水。

喜欢是“想靠近”，爱是“离不开”。

爱一个人，会心生要和那人厮守终生的念头。因为爱他，和他在一起，他的好你看起来越发好，连他的坏你都觉得可爱，并会包容这种坏。怎样都是开心。

我有一个朋友，我很不喜欢他的邋遢，其总是把屋子折腾得乌七八糟的。有时会想，他的女朋友怎么能够忍受他啊？但事实是，他女友并不觉得他的邋遢有何不好，反而认为男人邋遢一点很正常，要不怎么都说“臭男人”呢？

也不排除这样一种情况：某女子和某男子在一起生活了，却怎么都无法忍受他将臭袜子乱扔，刷牙的时候把洗漱池弄得满是牙膏沫子，洗发水用完就扔在水台上，毛巾揉得像抹布。几次三番提醒，不见他有收敛，就怒了，分手，各行各路。

那么，或许，这个女子应该只是喜欢那个男子，而不是爱。

喜欢一个人，有时也会突生念头要和他一起生活。可等到真的生活在一起了，发现他有那么多臭毛病，像乌云一样压过来，招架不住，喜欢的心就淡了，开始生了厌心，最后分开。

要是爱他呢？爱他，他千万般好，或者他千万般坏，都会悉数接受，爱他的所有。

当还没辨清是爱或喜欢时，就在一起了，结果实在难讲。

要辨清喜欢或爱其实不难，你只需静下心来，悉数盘点一下你们的生活点滴，就能明白自己是要和他做朋友还是成为恋人了。

喜欢是和他讨论问题争得面红耳赤，各不相让，在他面前像个刺猬一样从不认输，但在心里却也暗暗佩服他的见地。

爱是希望他和自己步调一致，同自己心灵相通，他无心说的一句玩笑话也能让你顷刻间情绪低落，甚至眼泪汪汪。在他面前，你从不设防。

喜欢是出门在外给他发个短消息，告诉他这边天气很好，然后把手机关掉，独自在异地疯玩一星期，晒成一个黑人后突然出现在他面前，吓他一跳。

爱是无论到哪儿都希望有他陪伴。可以站在海边给他打电话，让他听听海浪的声音；也可以因为在异乡的街道上看到一个酷似他的背影，而愣在原地久久不动。

喜欢是和他周末逛街逛累了一起吃肯德基；是在寒冷的冬天和他抢一杯热咖啡；是和他并肩走在街上，中间始终隔着半米距离；是陪他一起在电脑前打游戏，两个人笑得像个孩子。

爱是周末利用半天时间亲手做出几道好菜，满足地看他吃下去；是在寒冷的冬天不断地为他的咖啡杯里续上热水；是和他走在街上任由他紧紧牵着你的手；是在他旁边安静地坐着，幸福地看着他，看他在电脑前工作时专心的样子。

喜欢一个人，是甜腻的。爱一个人，是苦尽甘来的，甚至不只有苦味，还有许多其他说不清道不明的滋味，这些滋味混合在一起却又成了甜味，虽甜但永不腻。

喜欢一个人，在一起的时候永远都是欢乐，但你不会想到你们的将来。爱一个人，不在一起的时候会莫名地失落，在一起或许你有时会流泪，但你们常常在一起憧憬明天，甚至会突然间很好奇，将来你们的孩子会是什么样子？

喜欢一个人，是看到了他的优点。爱一个人，是包容了他的缺点。

喜欢，是一种心情，可以停止。

爱，是一种浓稠的感情，没有休止。

喜欢他，却不一定爱他。爱他，就一定很喜欢他。

其实，喜欢和爱仅是一步之遥。

或者说，喜欢是淡淡的爱，爱是深深的喜欢。

喜欢和爱，长着多么相似的一张脸。所以，很多时候，很多人都不能很好地区别爱和喜欢。

有时，会错误地将喜欢认为是爱；有时，也会错误地将爱认为仅仅是简单的喜欢。

所以，很多时候，很多人都会犯错——和一个喜欢的人谈起了恋爱，在一起之后才发现你们所拥有的并不是爱情；或者说，拒绝了一个其实很爱的人，当彼此转身，你才会醒转，原来你那么地爱他。

你们之间，到底是爱还是喜欢

在你投身爱情之前，请静下来审视一下你和他交往的点滴，问问自己的心：你们，是简单的喜欢，还是深深的爱？

这很有必要。

这是你对自己负责，对他负责，对爱情负责。

如果相处了很长的时日，他在你生活中的位置，多了他多许多快乐，少了他只是有一些遗憾但生活仍可健康愉悦，那么，你应只是喜欢他，而不是爱。

如果在一起很久了，他从来只对你说“我喜欢你”，“我爱你”三个字从不说出口，那么，你也得留意了，或许他对你真的只是喜欢。他若只是喜欢，你又何必夸张成爱？

或许有人会说，爱情这东西哪能斤斤计较？

但请问，世间哪一份失败的爱情不是败于斤斤计较？

人们从来只对可有可无的不以为然，若是深爱，谁不斤斤计较？毫无争风吃醋患得患失之心的爱情，不是好爱情。

身边的朋友、情侣，当他们吵架吵得很凶时，我都会问他们：你们之间，到底是爱还是喜欢？

很多人在冷静思考后，回答多是“不确定”。能肯定的是，当初在追求时，确实曾有过强烈的爱意。

爱、喜欢，爱比喜欢多了一种责任。并不是说喜欢一个人就没有责任了，喜欢当然也会有责任，但是，爱的责任更伟大，既有对爱人的终身负责，又有对爱人所爱的人负责。

记得有部电视剧中有这样一段很有意味的对话——

女人问:“你喜欢我吗？”

男人答:“当然喜欢啊！”

又问:“那你爱我吗？”

又答:“有区别吗？”

女人望着男人的眼睛，平静又认真地说:“当然有啊。你仅仅喜欢我的话，我是看不到未来的；如果你是真爱我的话，我们在一起的路还长着呢！”

好冷静的女人！这样的女人，最熟悉自己，爱自己，明白自己要什么，只和对的人在一起。

在世间的感情里，不是所有的喜欢都能沉淀成爱，但所有的爱都能包含喜欢。我看到过很多年轻的情侣，尤其是那些很青涩却早恋的情侣，我都会想，他们真的辨得清什么是爱什么是喜欢吗？当他们说出“我爱你”的时候，“我爱你”三个字是类似于口头禅，还是结结实实的对未来的承诺？

或许人们没有想那么多，他们只顾着眼前的快乐。待自己似陌生人，才会如此不计较长远的后果吧。

世间最好的爱情，是找一个对的人，在漫长的岁月里，谈一场漫长的恋爱。彼此，你非我不爱，我非你不欢。

我不爱你，但是谢谢你

男人的肩膀和怀抱，随时可以慷慨就义；女人的肩膀和怀抱却是爱情，只能留给她所爱的人。

——张小娴

和自己不爱的人谈恋爱，真的不快乐

在生活中，有时会遇到这种情况：你很不喜欢某个男人，但他却死缠烂打苦苦追求你。怎么办？

既然连喜欢都谈不上，那就更不要说爱了。如此境况，并无多余的答案，唯拒绝了事。

"你会和一个你不喜欢的人谈恋爱吗？"一个读者在微博上私信我，抛出了这个问题。

我答她："如果不喜欢，就别尝试去喜

欢,更不要浪费精气神去谈情说爱。”

她倒是个敢招惹是非的人，竟和一个她不喜欢的男人恋爱了半年。

“我是不喜欢他,但他爱我啊！”她说。

依她的说法,那男人对她的确是好,甚至说是宠溺。她很享受这种被宠溺的感觉。这不怪她。被人宠爱,这对任何人来说都是件愉悦的事。尤其是女子,哪个不想被男人当作公主去爱呢?

不喜欢,也和他在一起,她想着,两个人相处时间若是久了,没爱也会慢慢磨出爱来吧。原来是中了“日久生情”这四个字的毒。

但是她错了,随着时间的推移,他对她越好,她越不安,心生愧疚。他是奔着结婚而来,而她却万万不会同他结婚。交往半年来,她从未因他的好而回报过他一丁点的爱。这样纠缠下去,于他来说太不公平了。谁的青春都宝贵,浪费不起。

她终于对他摊牌了。没有当面和他说,是在QQ上告别的,理由是:“我从一开始就不爱你。”她还要求他,当天晚上不要回家,给她一些时间收拾东西,带走。

这样做,并不妥当。

首先,根本不爱他,为何当初要和他在一起?就算姑娘你喜欢被宠爱,但他并非是你的父亲,没有理由给你不求回报的爱。一个男人追求一个女人,尤其是一个忠厚的男人,他定是想着和那个女人结婚生子过一辈子。你能同他结婚并共度余生吗?若是不能,接受他,虚掷他的青春,是对他的莫大伤害，比你一开始就直接拒绝他的求爱更加残忍。

其次，磊落人做光明正大事，即使不爱也要当面说个清白。姑娘你这样突然说要离开，又遮遮藏藏告别，他情何以堪？不如两个人面对面、谈谈心，说说彼此的感想。实在没有回旋的余地，那么，拥抱一下，然后各走各路。这样多好！

那个读者还和我说，其实她很渴望爱情。希望有个人，她爱他，他也很爱她，两个人情投意合，就算没钱也没什么关系。月清风白时，阳台上温黄的灯下，手捧一杯绿茶，促膝而谈，不知不觉夜深了，然后相拥而睡，直到天亮。

很浪漫。但是，为什么不给自己留一段时间去等那个最对的人呢？

放任自己胡乱开始一段感情，是对自己不负责，也是对那个要和你共度一生的人不负责。一个不负责任的人，谁敢来爱你？

“和自己不爱的人谈恋爱，原来是不快乐的。”她说。

这领悟，来得真迟。

或许还不算迟，至少她没将错就错地一直错了下去。

后来的路，想必她会掂量清楚再抬脚吧。

吃一堑长一智。懂道理很重要，更重要的是将懂得的道理付诸于实际生活。

爱是爱情的敲门砖

在恋爱前，请问问自己：我爱他吗？

如果不爱，实在不必因为种种理由，哪怕那理由看上去很伟大很催人泪下，也不要强迫自己去试着爱他。

爱情又不像衣服，试一试，如果不合身再脱下，毫发无伤。恋爱不是这样的，没有谁能从一段失败的感情中全身而退。

爱情无关其他，只有一个准则：爱就爱，不爱就不爱。

如果不爱那个人，哪怕他在别人眼中再优秀，但你没办法对他生出爱心，那么，你也要勇敢地拒绝他。明明白白清清楚楚地要他知道：你们可以有深厚的友情，但不会有爱情。

你要敢于拒绝。

不和自己不爱的人谈恋爱，这是恋爱的根本。

你是觉得自己的年龄越来越大了吗？感到慌张，慌不择路，譬如饥不择食寒不择衣？或者说，你是因为来自周围各方面的压力所迫，不得不同自己并不爱的人谈恋爱？你得知道，这原本就是一个错误的开始。

也许有人还会抱着期望：如果我们再相处一段时间呢，也许下一秒我们就会相爱的。于是，拉手、约会。但是相处的所有过程中明明就没有快乐啊。也许对方会来电话，你一边看着电视一边接听，而至于对方在说什么，你并不知道，也不关心。那么，我给你的建议是，快点挂断电话结束这种无聊对话吧。否则，这样的过程只有一个受益人，那就是电信业务运营方。

不喜欢就不要强迫自己喜欢，有比你更适合对方的人。不要觉得因为不好意思而不说出自己的感受，这是烂好人，有害无益。

找一个自己看着就满心喜爱的人，你才会愿意去了解他，包容他生活中的小缺点，以及偶尔出现的小错误。

虽然不少人说爱情是个奢侈的东西，但是这并不代表你不可以任性地去爱一个人。你也可以任性地不喜欢一个人。每个人都有这样的权利，这也是生活中人们需要的最实在而最淳朴的东西。

不喜欢他，不爱他，就大大方方坦坦荡荡地拒绝吧。

拒绝一个你不爱的人，不是你的错误。你也要记得告诉那个人，不爱他也不是他的错误，你们两个只是不适合，仅此而已。对方也需要被关注被喜爱，既然给予不了，就不用拖拖拉拉。人生不过那么几十年，干耗着对谁都没好处。

不喜欢就是不喜欢，别委屈自己了

人是好面子的动物。拒绝别人，你要讲点技巧。太生硬地拒绝，会伤到对方的自尊心，也从一定程度上表露了你的不智慧。

如何得体地去拒绝？

在表达自己的想法时，语言要婉转一些。想想看，对方可是冒着被伤自尊的风险向你表白的，即便你不喜欢，也要微笑着拒绝。切不可冷嘲热讽，伤害向你表白的人。可以尝试在肯定对方的前提下，阐述拒绝的原因和理由。与此同时，一定要态度坚决。不要犹豫，更不要左右摇摆。如果爱，请深爱；如果想要拒绝，就一定要坚决。

一言概之：语言一定要婉转，态度一定要坚决。

或许你可以对他“胡说八道”。

胡说八道可不是说要去乱七八糟地骂那个你不喜欢

的人，而是“顾左右而言他”。谁是傻子呢？大多数人都一点就通，你幽默风趣地“顾左右而言他”，他心领神会自然知难而退，但心底还是感激你的，因为你没让他丢脸。

或许他还会想：这个女子真的很棒，又漂亮又知书达理，可惜她不爱我，罢罢罢，爱不能那就退而求其次，做个要好的朋友吧。

有个女孩子这样对那个追求她但她不喜欢的人胡说八道：“其实我真的是外星人，我家住在遥远的火星，我是到地球上旅游的，过几天我就要回去了。火星人民需要我，很高兴认识地球人，我回到火星会给你打电话的，不过你的手机是宇宙通吗？”

这样是不是有趣一些？拒绝了那个人，那人说不定还哈哈大笑呢，因为你给足了他面子。

或许，你也可以“声东击西”地去拒绝。

比如说，你不爱他，是不是因为你觉得他不够聪明？那就绵里藏针地告诉他，他是个可爱的傻瓜，居然看不穿你不爱他，还敢斗胆表白。

可以尝试这样对他说：“我有一个秘密想告诉你，其实你早就知道了，我也知道，我是最了解你的。今天你既然有勇气表白了，我也不需要把秘密埋藏在心里了——其实你是一个傻瓜，但我一直没有公开。”

不过，这番话不是每个女子都说得出口，需要具有一定的“辣妹子”气质才可以。

如果不想和那个人恋爱，拒绝他，但又不想失去这个很善解你心意的朋友，那就和他“称兄道弟”吧。当他向你表白时，朝他的肩头擂一粉拳，大声地善意嘲笑他：想和兄弟谈恋爱,你搞错了!

也不妨这样说:“啥?你喜欢我?想约我?你不是弄错了吧?你也太不关心我了。我当‘男生’这么多年了,头回被误认为是女生,哥们儿,真有你的!”

如果那个男人还没对你表白,只是频繁地约会你,而你一眼就看穿了他的心思,不想赴他的约会,让他产生以为可以更进一步发展关系的误解,那就来个“无中生有”吧。

什么叫无中生有?就是把不存在的东西说成事实,把张三的帽子给李四戴,把蚊子说成大象。这样做的目的是为了抵御他的求爱,为自己谋自由。

你可以这样说:“我家的小猫今天病了,午饭没有吃,我晚上要去陪它,和它聊天;还有我家的小狗昨天很生气,因为我没有抱过它,今晚我要安慰一下它。所以晚上我要喂小猫,还要抱小狗,对了,昨天我不小心还踩死了一只蚂蚁,我今天晚上没有时间陪你了,我得替蚂蚁祷告。”

要是追求你的那个人实在很难缠,像一块硬石头,怎么点拨他都点不透,他就是看不出你不喜欢他,你都快没有耐心了,甚至想冲他破口大骂。千万不要破口大骂,不要去做泼妇骂街的事,那样很毁你的形象。他不退,那好,你就拖,一拖再拖,拖到他没耐心,再也不来约会你。

当他约你时,这样告诉他:“本周可能没时间了,因为我平时晚上要去培训班学英语,业余时间要健身,白天要上班。下一周同样是要去学英语,五一劳动节长假我要在家里劳动,国庆节我要回老家海吃海喝,春节我要去亲戚家吃吃喝喝。暑假我要在家吹冷气，寒假我要在家晒太阳；春天我要去公园采风，夏天我要抱着西瓜动口不动手，秋天我要写诗发呆，冬天我要时刻冬眠。365天中，你选择一下，看看哪天你适合来找我。”

拖来拖去，或许那个人就没耐心了，无心恋战，转身而退。

他约你，你多拒绝几次。他QQ或微信和你聊天，你不马上回。大家都这么大的人了，你的意思他会懂的，自然就会自动远离你。

如果他对你有肢体上的亲近举动，你不喜欢，记得指出来。不好意思当面说，也要在微信或QQ上说。你不说，他就会认为：“她不躲开就是在给我机会。”你不要给他制造误解。爱情这东西，不是看面子，你不喜欢他就是不喜欢，别委屈自己了，毕竟你不欠他任何东西。

当然，拒绝一个不喜欢的人，最有效的方法莫过于搬出你的家人来。

是否还记得小时候，你和小朋友吵架，吵不过时你常常会说，我回家告诉我爸我妈或哥哥姐姐什么的。你借助你家人的阵势压倒对方的邪气。长大了，面对不喜欢的男人，你同样可以使出这招来。他不服？不服就让他去找你老爸或老妈单挑去。你知道的，你喜欢的男人你爸妈可能还不一定喜欢呢，你不喜欢的男人你爸妈更不会喜欢，不要担心他能攻破你爸妈的阵线。

明明白白告诉他：“我家有家规的，与男生说话不得距离应一米以内，谈话时间不得超过五分钟，晚回家不得超过20分钟。不得与男生目光对视超过五秒，不得和男生打电话超过一分钟……”

你也可以尝试一下这些说辞：

“我知道你很有眼光，所以麻烦你帮我一件事呗。过几天我男朋友过生日了，我看了几块手表，你帮我看看哪块更好看点，符合男生的眼光，好吗？”

“有一种人是舍不得拿来处对象的，在我心里，你就是。这样，就永远不会失去你。”

实在使不出委婉的法子，那就把拒绝大大方方地简单处理：“你好。谢谢。不好意思。对不起。麻烦你了。”越简单直接，于双方来说越是一种解脱。

大方又直接地拒绝，不用不好意思，大家都是这么大的人了，哪有那么多时间不好意思。

如果遇到自我感觉超级良好、近乎恬不知耻的家伙，你更要大方又直接地加以拒绝，不要给他任何机会。苍蝇不叮无缝的蛋，而你不要成为那只倒霉的有缝的蛋。

拒绝的方法有很多，每个人都应当因人而异，找一个不伤害人而又稳妥的方式去拒绝。

最要紧的是，要学会拒绝，勇于拒绝自己不喜欢的。

一个人是否成熟的重要标准，就是看这个人懂不懂拒绝自己不喜欢的。

千山万水,只为找一个对的人

最能反映一个女人品位的东西,是她现在和过去爱上一个怎样的男人。

——张小娴

如何选择一个对的人过一辈子

女子到了一定的年龄,总是要找一个如意的男人谈婚论嫁的，这并非是说没有男人,女人就不能生活了。但没谁否认,最好的生活是男人和女人组成一个温馨的家庭,两情相悦,男欢女爱。

但是找一个可以结婚的男人不像买衣服,心底不如意了就不穿了。这就像上了一条船,船漏水了很可能就沉下去了。就算离婚很轻易,但离婚对女人来说不啻是脱了一层皮，有哪个女人愿意承受这份苦痛？

如果一个女人爱自己，就应当知道如何选择最对的男人去过一生。

如何选择一个对的人过一辈子？这堪称是门学问。

千人千面，每个人都有各自的优缺点。但大多数人都是以优点示人，巧妙地藏起缺点来。

人人都说，爱一个人会包容他所有的缺点。这话有一定道理，但前提是，你爱那个人，并且那个人的缺点是无伤大雅的，或者说是不违背人之常情的。如果你所面对的那个人，他的有些缺点已不能简单地划分为缺点，大可上升到缺陷的层面，那么怎可接受？

如何寻到一个对的人？

你首先要搞清楚，自己想要什么，而不能接受什么。搞清楚了这些，再去探察男人的性格底细，找准那个适合的人共度人生的岁月。

俗话说，画龙画虎难画骨，知人知面不知心。又有俗话说，日久见人心。

意思就是说，想知道一个人到底什么样，是需要通过一定长的时间去了解的。

事实上，你想看清一个男人的底细根本不需要一年半载甚至更长的时间。只要你善于观察，只要你方法得当，十分钟便足够你看透一个男人。

美国两性关系专家、精神病学家里塔·本纳苏蒂说："男人的一举一动都透露出他的性格和品质，尤其是在他失去警惕的时候，在他不再努力给你留下好印象的时候，或者在他没有意识到你在观察他的时候。"

是的，细微之处见品质。

看透他，根本不需要所谓的日久见人心

你大可通过一个男人都交往了一些什么样的朋友来看清这个男人是怎样的一个人。

如果一个男人，他至今都在和十岁时认识的朋友交往，那么一定程度上说明他非常长情，这是他的一大优点。

如果那个男人的朋友来自于他生活的各个领域——大学、健身房和工作，那就不要害怕带他参加你亲戚的婚礼，他与陌生人交谈一点问题都没有，他很容易适应新环境。当然，和这种社交家一起生活，有时你得为他的交际广泛而“吃醋”，因为他也很可能特别容易就和别的女子嘻嘻哈哈谈笑风生。

看一个男人所交的朋友，不如主动要求随他一起去参加一些同学聚会、朋友聚餐，看看他所交的朋友是什么样的。所谓“物以类聚，人以群分”，若是他的朋友说话文明有素、举止泰然，穿着也是干净利落，那不用说他也是这样的人。如果他的朋友就知道胡吃海喝，说些不着边不着际的话，还经常说些不文明的话，而且穿着还很不得体，那你觉得他会怎样呢？

如果你约会的对象喜欢给你发电子邮件，而不是直接打电话，那他可能是个难以对付的人。圣迭哥州立大学心理学教授杰夫·布里森博士说过：“事实上，写电子邮件可能会字斟句酌，他有充足的时间把真实的自己掩盖起来，但打电话却很容易暴露一个真实的自己。”

如果他喜欢通过各种即时通讯工具随时随地给你发短消息呢?这种男人希望时刻得到你的关注,时刻都想和你互动,也时刻都想确定你在等着他。

如果他要是喜欢和你煲电话粥呢?圣迭哥州立大学心理学教授杰夫·布里森博士说过,这种男人不害怕且时刻想着与自己所追求的女人亲热。

在约会的时候,总是要一起吃饭的,那看看他会点什么菜吧。

喜欢选家常菜的男人通常稳重踏实,但他同时也可能是个不喜欢冒险的人。他基本上没有什么浪漫心思,凡事都是踏踏实实的,就像是一只靠枕,大多数时候是等你去靠的。你不要想着他能突然飞奔过来给你一个热吻,或突然给你一个惊喜让你激动半天。

如果他喜欢点一些新奇的菜,这说明你正与一个率性的人交往,他可能很容易对维持现状感到厌倦。

从一个男人的驾车习惯上也能看出这人的本性来。

如果他经常会驾车在车阵里钻来钻去,或者紧跟着前面的车子,并对前面车的司机怒目相向,很显然,他性格上存在着好强、爱冲动的问题。虽然好强会让他在工作中出类拔萃,但是,这家伙很难与他人处好关系。

如果堵车了,他仍能表现得很平静,这说明他的自控力很强。

他喜欢赌博吗?

爱赌博的男人是冒险主义者,冒险让他们感到快乐。美国纳什维尔市范德比尔特大学的医学博士、精神病学副教授米切尔·帕克斯说过,爱赌博的男人总是对自己过分乐观，认为不会赌博上瘾，直到焦头烂额。

和一个冒险家一起生活，你的生活可能会很精彩，但有时则会精彩到焦头烂额。

他爱抽烟吗？

一般来说，喜欢抽烟的男人更容易焦虑。

在年少时，男孩子抽烟是为了扮酷。而当长大之后还嗜烟如命，这已不是烟瘾的问题，而是因为他有太多的焦虑不安，抽烟从一定程度上可以缓解他的焦虑。

想想看，你周围的男人，那些心态平和的，有几个爱抽烟呢？他们一般不抽烟，或者很少抽。而抽烟的男人往往是神情忧郁或眉头紧锁的，一副沉思者的样子。不过，还真别说，有不少女子认为男人抽烟时的样子很帅。可单凭着“帅”能过好日子吗？

如果他喜欢喝酒呢？

喝酒的男人很可能是为了掩盖他的不安全感。人一喝醉，很多重要的事情也都没工夫去深思了，正所谓“借酒浇愁”。其实，浇的不是愁，而是不安全感。当然，没有男人肯承认自己缺少安全感，大多数男人都会说自己喝酒纯粹是为了应酬。是的，不能排除有些男人喝酒的确是为了应酬。但是，什么乱七八糟的应酬都兴致勃勃地去应酬的男人应谨慎看待。

你有没有发现他喜欢什么运动？从一个男人的运动习惯上也能看出这个人的性格。

一般来说，喜欢跑步、游泳等单人运动的男人都喜欢独立，这也意味着他们经常会独处。这种男人一般也是沉默的。沉默不代表没有想法，很有可能他们就是人们所说的“闷骚”男人。和这种男人相处，他可能会常常给你惊喜，因为你很难知道他会突然生出怎样的“闷骚”举止来。当然，这种男人也会有很多让你不知所措的怪想法。

喜欢足球、篮球、棒球等团体项目的男人喜欢竞争，无论是在运动场还是生活的各个方面，喜欢随时随地与周围的人一决雌雄。这种男人好胜心强，一般也是很爱面子的。他们常常会为了面子问题，而做一些其实自己很难承受的事。和他在一起，你要做好迎接因面子问题所带来的烦恼的准备。

而那些根本不喜欢运动的男人，他们往往是独立的思考者，当然，他们也是敏感的。面对一个敏感的男人，你要常常和他的敏感做一些斗争，这会很辛苦。

如果你和他一起外出，他会是什么样的呢？

当你出现在公众场合时，他就像痧子一样粘在你身边。他可能是在炫耀你，也可能是在向他人暗示你是他的“领地”，无论如何这都是他没有安全感的标志。

在公众场合，对你的身体连碰都不敢碰的男人，要么是不确定他对你的感情，要么是不确定你对他的感情。如果他对你们之间的感情有疑问的话，他会和你在身体上保持距离。

对了，他喜欢你穿什么样的衣服？

如果他喜欢你穿T恤和牛仔裤，或者是可爱的背心裙，而不喜欢你穿正装，那么你可能在与一位朴实而随和的男人约会。他同样喜欢闲适、不大手大脚的女人。

总喜欢女人穿高级时装的男人，社会威望很高。洛杉矶心理学家南希·欧文说过：“他可能很会赚钱，钱在他的生活中扮演着太过重要的角色。”

而喜欢挽着性感女孩逛来逛去的男人是一个自负狂。这种男人喜欢那种被人羡慕和嫉妒的感觉。

那他的说话方式又是怎样的，你有注意到吗？

如果这个男人说话语速很快，这说明他是一个直率而精力充沛的人，他可能还有点固执己见。情况往往是这样的，语速很快的人热衷于给他人留下好印象，但是他们并不喜欢照顾自己的听众。

说话语速较慢的人，往往行事谨慎。他们在开口说话前会斟酌每一个字，这也显示出其对生活的态度：三思而后行。

还有他看你的眼神。

与你交谈时不和你进行眼神交流的男人，可能不是一个值得信赖的人。

如果在言谈中眼睛直瞪着你，他可能想要胁迫你。但是如果他含情脉脉，这意味着他非常爱你。

还有，你知道他在家中排行第几吗？这排行，也能显现一个人的性格。

在兄弟姐妹中排行老大的孩子，通常会有责任感，而且喜欢管理。

如果是家中老小的话，他可能富有创造性，还有些反叛。也有可能，他的依赖性是比较强的，因为常受到哥姐们的照顾，他有时做事会很冲动很任性。而排行中间的人往往会很敏感，希望博得他人的关注。

不妨再看看他对母亲的态度。

对自己妈妈不好的男人，最好别去亲近他。你想啊，对自己的亲妈都不好，那他还会好好对你？男人对母亲的态度就能说明他对女人的态度。尊重母亲、爱母亲的男人，那他也会同样懂得如何爱自己的妻子。不过，需要注意的是，如果一个男人过分地依赖母亲，并且对母亲的话言听计从，不管是对的还是错的，只要母亲一声令下他必定是按要求去做，很缺乏自己的思维能力，也很缺乏独立性，这样的男人通常没有男子气概。和这样的男人结婚后，你很可能要同他斗，还要同他的母亲斗。

再看他怎样对待金钱。

在一起吃饭或逛街买东西的时候，有的男人会抢着付钱，这并不是他大方的表现，反而表现了他的控制欲。若是大方，他大可以在你还没有吃完饭的时候就不动声色地先把钱付了；在你看上一件东西的时候，他会悄无声息地为你结账。而对你很小气，甚至吃饭、买东西都要与你计较的男人，还有挥霍无度、经常入不敷出、负债累累的男人，还是不要与他交往的好。

再看看他的生活用品。

初次到他家里去做客，不妨看看他的家里是否整齐干净？还有他的房间是否收拾得体？若是他的家里凌乱不堪，或是他的房间不堪入目，就说明他这个人对生活没有情趣，也很邋遢。那你就要好好考虑一下他的这样生活习惯了，你能否能够让他改变？如果没有把握改变他，你是否会适应这种邋遢的生活？如果不能，还是及早离开的好。

最重要的是，看他心理是否健康。

他在你面前总喜欢讽刺或嘲笑别人，其实他是在借贬低别人来抬高自己，让你知道他多么有能力、多么聪明，这类男人的心理是不健康的。

还有些男人爱无缘无故地发火，有时会因电视里的某个节目或演员的某句台词而对着电视机大喊大叫，在吃饭的时候会以各种理由找服务员的麻烦，如果他有这种表现，他可能在精神方面潜藏着隐患，也可能会发展成抑郁症，还有可能会有家庭暴力。因此，一定要远离这种男人。

选对男人可以幸福一生，选错男人也许会让你后悔一辈子，所以要睁大眼睛看清楚。

找到一个对的人，是你给自己的最好礼物

看一个人的性格，往往要从他的生活细节着手。

如果你有其他的更独到的识人本领，那就更好了。

一语概之：你要认清交往对象的性格和生活习惯。还有，你要清楚自己要什么样的，以及能够接受什么样的。

不过，在选择男人的时候，你不能理想化他的全部。

如果你追求家庭的温暖，就不能过分地强求对方是老板，挣大钱。你选择奢侈的生活，就不能过分地要求对方与你朝夕相处，添饭加衣。

你选择朴实忠诚的男人，就不该过分地要求对方口若悬河、滔滔不绝地赞美你无与伦比的美丽与聪慧。如果你选择甜言蜜语的男人，就不该强求他只对你一人甜言蜜语，也不能要求他对你绝对忠诚。

如果你选择的是优秀迷人的帅哥，问题是，你觉得迷人的男人，别的女人同样也会觉得他迷人，并深受其吸

引，做些令你难容的事。

如果你喜欢才子，通常得有耐心陪伴他可能长达半个世纪怀才不遇的曲折之旅。同时，需要吃得苦中苦，虽然到最后他也不见得能成为人上人。

所有这些，归于一句话，首先你得爱自己、熟悉自己，知道自己要什么。如果你待自己如同陌生人，你所面对的世界也必将处处陌生，你注定要在陌生的世界里跌跌撞撞。

找到一个对的人，是给自己余生最好的礼物。

而如果一旦找到了、选择了，那就好好爱吧。

别跟一个刚刚失恋的人谈恋爱

女孩子，如果不是“踏着尾巴头会动”，懂鉴毛辨色，实在是很吃亏的，一股牛劲向前冲，撞死了也没人同情。

——亦舒

救他上岸，自己落水

这世界上有两种人，男人和女人。

是男人聪明还是女人聪明？

女人聪明。有这样一句话：“男人征服世界，女人征服男人。”女人征服男人从而征服世界，所以女人聪明。

聪明人做傻事吗？做。

有时，傻事都是聪明人干的。

比如说，和一个刚刚失恋的男人谈恋

爱,这应当是一个女人聪明的一生中所做的最傻的事了。

刘美英爱上韩晓峰,是因为韩晓峰被另一个女人抛弃了,日子一下子变得灰头土脸起来,原本英俊挺拔的一个男子颓废得像条被斩去尾巴的狼。刘美英说那不是颓废,是动人的忧伤,她说忧伤的男人看上去更有味道,像一个丢了玩具的孩子需要母亲的安慰。

这个聪明女人,她一定是被泛滥的母爱冲昏了头脑。

她对韩晓峰嘘寒问暖,因失恋而空虚的韩晓峰就像黑暗中突然发现了亮着灯光的小屋,他闯进去,不想出来了,他说他爱上了美英。美英欢喜地接受了。

当然,这对男女有过那么一段两情相悦的好时光,让人以为两个人是天生的一对,就应该在一起,一辈子恩恩爱爱。

谁知有一天,韩晓峰甩了刘美英,就像当初那个女人抛弃他一样,毫不犹豫,转身走开。美英痛不欲生。

他怎么可以这样呢?刘美英想,当初他像只丧家狗,是我心软收留了他,谁知道他伤疤好了疼也忘了,把为他疗伤的人一脚踹开了。这不是翻身扑咬东郭先生的中山狼是什么?

他怎么就不可以这样呢?

他和刘美英在一起,更多程度上的是因为疼痛因为寂寞。他需要有个人陪伴他,打发这落寞的时光。

就像溺水时有人抛来一个救生圈,溺水的人欣喜若狂,才不去管那救生圈是新是旧是美是丑,能救命就好,扑上去,狠狠抓住。是爱吗?当然不是,溺水人只是为了自救而已,只想让自己早点儿活过来,打起精神来重新开始生活。

这么说吧，刚分手的人（尤其是被分手的），往往需要较长的疗伤期，心情还没完全净空，心里还挂念着以往的恋人，感情生活也失去了重心，甚至丧失了自我的认同感，无法肯定自我，觉得自己既糟糕又差劲，一点儿自信也没有。此时，如果有人过来示好示爱，注入爱的能量，绝大多数人都会乐于接受，因为一来可以重新恢复自信心（有人爱自己，向世界证明自己没那么差），二来可以填满那些因空虚而多出来的时间。

溺水者碰上漂过来的救生圈，为了活命，伸手抓紧，游回岸边。那上岸之后呢？

上岸后，在重新感受到了生命的活力之后，看看手上的救生圈，很感谢，但多半就放下了，因为回到陆地以后已不再需要救生圈。比较需要的，是毛毯、热腾腾的食物、温暖的房子，还有舒服的床，好好睡上一觉。

现在，你明白了吧，接纳一个刚失恋的人就等同于救了人家上岸，却把自己推入汪洋之中。

谁都别把自己当救世主

再笨的女人，都不应该在一个男人刚失恋的时候去和他开始一段感情。

怎么可以和一个刚失恋的人谈恋爱呢？

可怜他？想抚慰他？拯救他？姑娘，你以为你是谁呢？

谁都别把自己当救世主，以为能够拯救别人。

任何人在开始爱别人之前，都要先好好爱自己、照顾好自己。

和一个刚失恋的男人谈恋爱，明摆着是不爱自己，不会照顾自己，不理智。

如果哪个女子和一个刚失恋的男人谈恋爱，那很可能，她并非是因为爱那个男人而同他在一起，甚至根本就不爱那个人，她爱的只是自己内心泛滥的母爱情结，并且被自己的拯救念头感动了。

和刚失恋的男人谈恋爱的女子，她往往只是爱上了自己的拯救精神。

当然，如果不怕受伤，想“练爱”而不是渴望“恋爱”，当然可以去同一个刚失恋的男人开始一段感情，温暖他，为他疗伤，等他伤好了，把你甩掉，让你也尝尝失恋的滋味。

当然，并非有过失败恋情的男人就都不能爱了。泛舟情海，有几人不曾受过失恋之痛呢？或许可以说，每个人都曾是失恋的人。

如果准备去爱，请先确定对方是否已走出失恋的阴影，就像和一个酒鬼说话，请先确定这个人是否醒了酒。要知道，醉酒时的话往往当不得真。

活得明白，爱得清醒

如果你真的觉得那个刚失恋的男人是你早就渴慕的恋爱对象，你觉得“趁虚而入”更容易“征服”他，尽管如此，但还是得慎重。

失恋这种事情，比婚姻少了很多财产、孩子、双方家庭的纠纷，所以能够更明白地分辨出男女双方的责任。你不妨先琢磨一下，他为何失恋，败在何处？他的那些失败之处，你能接受吗？

所谓“可怜之人必有可恨之处”，一个失恋者，尤其是被失恋的，他身上必定有着使人不可忍受的东西。关键问题是，他自己意识到那些不好了吗，有想过矫正吗？如果他自己都无知无觉，或者他根本不认为自己的那些缺点是缺点，那么在下一场恋情中他很有可能将那些不好加倍地表现出来。

你确定自己做好准备去接纳了吗？

走出失恋是需要一定时间的。如果没有足够的时间来反思自己的上一段感情，没有从内心深处看到一个更为真实的自己，并使自己获得真正的成长，那么上一段感情就没有真正结束，就会在无形中干扰下一段感情。

当然，如果你刚刚失恋就来了个新的追求者，如果你足够理智足够成熟，你是不会很快就投入到新恋情中的。

失恋后，要从上一段感情里抽身而退，再短也得一年半载。如果这厢刚结束，那厢就草率进入了新恋情，很容易身在曹营心在汉，无法全情投入，这样经营出来的感情是注定要失败的。如果再次经历失败，你会更灰心、更没自信，说不定到最后再也不敢谈恋爱了。

再说了，刚刚经历过一次失败的感情，你还沉浸在负面情绪中，你的思绪紊乱，头脑还不清醒，还没恢复理性，对他人还缺乏认知和判断力，这时草率进入到下一段感情中就容易对对方缺乏正确的了解和认识，也就是所谓的“病急乱投医”。而且因为刚刚经历过一次失败的感情，你很可能因为过分自卑而没有自信，很容易就被追求者给予的一点点爱而感动，从而选择一个并不适合你的人，酿成终生的遗憾。

你得给自己一段时间，去处理上一段恋情遗留的问题，让失恋的伤口愈合，并仔细盘点一下自身的所有是非，该删除的删除，该修补的修补，让跌倒后又站起来的自己更丰润、更智慧。

这是你对自己负责，也是对新的恋人负责。

如果将这道理用在那个令你心动的刚刚失恋的男人身上，同样合适。那么，你还会急着同一个刚刚失恋的人谈恋爱吗？

最好的态度是：别跟一个刚刚失恋的人谈恋爱，也别刚失恋就赶紧开始下一段恋情。

选择有钱人，
不如选择门当户对的人

什么女人不想嫁入豪门？那些已经成为富豪太太的女人们。

——彼特·李斯特曼

要嫁就嫁有钱男人吗？

锦衣玉食，出则有车，居则有所，向往花团锦簇的生活，这没什么错。

谁不想自己的生活要风得风要雨得雨呢？

更何况有人还说过："有钱的男人更能带给女人更多的安全感。"

想一想，也有一定的道理，因为俗话说"贫贱夫妻百事哀"，又说"一分钱难倒英雄汉"。钱的确很重要，它关系着人们的衣食住

行等方方面面是否称心如意。而有钱的男人则没有这些顾虑或烦恼,他因为物质的富足而更加笃定,和他在一起不会有“贫贱百事哀”的体验,安全感岂不是更多?

还有人说:“有钱的男人才更懂得浪漫。”

这话也有一定道理。只有有钱了,男人才有闲心也真正能沉下心去琢磨浪漫。那些仍在为生活像打仗一样拼杀冲刺的男人,他们不太可能有这份闲心,他们一般情况下没有多余的钱去支付玫瑰和香槟的账单。有钱的男人更容易拥有谈情说爱的闲情雅致,至于浪漫,有时候浪漫真的需要用钱去买。

前几年,上映了一部叫作《嫁个有钱人》的电影。这电影名,真是道出了万千女子的心声啊!

社会上也流传着一些书籍,点拨女子该如何如何去钓个称心如意的金龟婿。那些书似乎还很受欢迎。这是否可以说明女人心中都有一个锦衣玉食梦?或者说,每个女人都有一个阔太梦?

但也有人说:“以嫁给有钱人为一生追求的女人,她们忘记了一句话,‘有情饮水饱’。若是只有钱而没有感情,即使天天饮用琼浆玉露,那又能怎样呢?没有情爱滋润的婚姻,应是空虚的吧。”

人们这样说那样说,似乎都有道理。

但“横看成岭侧成峰”,用另一种视角来看,所有的道理似乎又都有偏激之处。

没有哪句道理经得起横竖琢磨。是对是错,站的角度不同,得出的结论自然会不同。

其实,若仔细想想,女人选择男人,无论是选择富男人还是穷男人，或不穷不富刚好温饱无忧的男人，都像是在投资股票。

富男人就像实力股，牛气冲天，财大气粗；虽穷但有学识有见识又有胆识的男人，似潜力股，有朝一日或能成大气候；而不穷不富刚好温饱无忧的男人，就像绩优股，踏实，可喜。

但股票就是股票，收益伴随着风险，女人这番投资，后来的人生是否幸福，拼的是眼力，还有那么一点点运气。

有钱男人有风险，相爱需谨慎

想着嫁给有钱男人，就像是选择一支已经拉升居于高位的股票，虽然质优，但价高，可以立马获得收益，却投资风险巨大、成本高昂。

在现实生活中，你一定看多了灰姑娘的故事，听多了麻雀变凤凰的传说，但是也有太多故事证明，嫁了一个金龟婿很可能也就成了关在金碧辉煌宫殿里的金丝雀，身不由己。

就算身不由己，还是有不少女子梦想着嫁入豪门，成为有钱人家的阔太太。

能嫁给有钱的男人，通常女人自己本身也是有资本的。这资本可能是美丽的容貌，也可能是和那个男人相匹配的家庭背景。毕竟富家人大多讲究门当户对。

嫁个有钱的男人就一定会有幸福的生活吗？倒也未必。

有钱的男人大多都很忙，忙着各种各样的应酬。所谓应酬说白了就是逢场作戏。他能对别人逢场作戏，把戏演得有声有色真假难辨，你怎能保证他不会对你逢场作戏?

有钱的男人一般回家都很晚，好不容易等回家来，他也是踉踉跄跄的，满身的烟味酒味脂粉气。这等状况，他回家无非就是找个能够放心睡觉的地方蒙头大睡，你总不能强拉起他，要他陪你说话，陪你看肥皂剧吧。

嫁给有钱的男人后，你经常只能一个人呆着。你的闺蜜们有自己的生活，不可能天天陪你玩乐。或许，自从你嫁给有钱人后，你先前的那些闺蜜就逐渐断了联系，因为友情也是讲究门当户对的。豪门贵妇和平民妇人难得有友谊，就算先前同为粗布钗裙时彼此感情深厚，但当两人身份有高低之分后感情也将日渐淡薄。

嫁给有钱的男人，如果你为了排解寂寞不愿在家而出去谋份工作，就算他肯答应，想必他也不会有时间接你上下班。你有了什么伤心或高兴的事，他没空听你说；他也不会有时间或有心思为你制造一个个惊喜；他甚至都不会有时间跟你吵架。如果你絮絮叨叨，他会说："你闲的吧？"

他不可能跟你一起在厨房演奏锅碗瓢盆交响乐，更别指望他下厨给你煮一顿爱心大餐了。他没时间。

……

这些，都是嫁给有钱男人后可能会发生的事。

在爱情面前，人们可以幸福得像个王子和公主，而婚姻则只推崇一个字：家。

家的完美与否，只关乎有无温暖。如果家只是涂抹着金色的富丽堂皇，那么纵使拥抱全世界的财富也可能感觉不到温暖。女人是感情动物，钱财自然要有，但来自爱情的温存更要有。

最美好最牢固的感情，是精神上的门当户对

活着，不就是为了追求幸福吗？

幸福是什么？

幸福就是烟火俗世里有一个人待你总能从内心深处泛起呵护之情。

幸福就是他拥有得不多，却愿意把最好的给你。

幸福就是当你站在街头冷得微微颤抖时，他把自己的衣服披在你的肩上。

幸福就是他能逗你笑，或许只是一个眼神一句话语，却让你心底生出无尽的甜蜜。而不是冷冰冰地丢给你一大把钞票或是几张银行卡。金钱可以带来幸福感，但幸福不是除了金钱便一无所有。

聪慧的女人或许更愿意找一个“潜力股男人”，他有学识有见识又有胆识，这种男人，给人以安全感，时刻体现出一种责任感，不甘平庸且懂得把握机遇，有爆发力并富有挑战精神，至于他现在从事何种职业、居于什么样的位置，仅仅是参考，重要的是他的成长空间。男人和女人一起成长，在成长中共享人间的快活。

嫁个有钱的男人，并不能说明你是成功的女人。如果你自尊又自强，让那些有钱的男人从心底里对你产生一种敬佩，让他们对你充满着爱意却又尊重你，这才是成功的女人。

你要知道，面对值得尊重的女人，男人才会保持自己言行的高尚。欺骗、冷漠、玩弄、出轨、家暴，在所有感情里面男人给女人带来的伤害从根本上讲都是因为不再尊重。

爱情的最基本元素是尊重，而尊重的必要条件又是平等。婚恋里的平等，一是物质上的门当户对，二是精神上的门当户对。

一段感情能否持久与牢固，很大程度上是两人之间的博弈，门当户对、势均力敌者方能走到最后。门当户对，势均力敌，不仅仅体现在彼此的身家、背景上，更体现在两人的才学、性格、能力、兴趣和喜好上。最完美的结合莫过于门当户对，兴趣相投，性格互补，说得来话，过得了日子。

如果你想要更好的，就得先让自己努力成为一个更好的人。即使是在感情里，也没有捷径可以走。

做金钱的奴隶，看不清真实的自己，失去自我，外表光鲜内里落魄，皆算得是失败的女人。

嫁个有钱的男人就如同抢银行，看上去一下子拥有了好多，但也后患无穷。更糟糕的是，有时你都很难猜得出那些“后患”都有着怎样的内容。

当然，并非所有嫁给有钱男人的女人都不幸福，并非所有的有钱男人都没责任感。

若嫁了个有钱人，又获得了你想要的幸福，那么，祝贺你，你很智慧，找对了你的生活伴侣。

说来说去，不还是选择的问题嘛。

无论怎样选择，前提是了解自己、爱自己，听从自己内心最真实的想法，权衡得失利弊，然后再去投入。

有独处的能力，才有相爱的实力

很小的一件事就会吓坏爱情，很小的一件事情也会使爱情欢愉起来。对于爱情来说，任何事情都有意义，任何事情都可以构成吉光或者凶光。

——巴尔扎克

你所有的故事，并非都要有他参与

最叫男人心动的女人是什么样的？一定是男人想得快要发了疯却始终没得到的那个人。

譬如读书，一本书的故事是平铺直叙，像直筒的米袋子，看了开头便知后事如何；另一本书却是曲曲折折，犹如进山探险，猜不出下一步会发生什么。这两本书，你说，哪个最能吸引人读下去？毫无疑问，人们都爱看那曲曲折折充满悬念的。

一本一下子就让人看透的书，没什么趣味。书如此，人亦如此。男人费了好大工夫才得到的女子，会分外珍惜。若这个女子又还懂得“亲密有间”，知道如何保持恰当的距离，保持一份有趣的神秘，那就更让男人欲罢不能了。

张爱玲《红玫瑰与白玫瑰》中的王娇蕊，永远知道什么时候以什么样的姿态出现，那样欲拒还迎欲擒故纵的诱惑，佟振保当然会喜欢，她洗了头，湿搭搭地出现了，眼睛并不看他，那样暧昧的距离，恰是女人最美丽的时刻。

然而，在生活中，有很多女人一旦爱上了，就迷糊了头脑想要“全部都给他”，想时时刻刻黏着他。如果是这样，她的恋情常会有三种结果：

第一种是遇到始乱终弃的男人。这种男人通常只是想得到，得到后会有一段时间肆意地索取，而等过了新鲜期，恋情也就画上了句号。可怜的是女人，带着伤痕黯然离开爱情的沙场。

第二种是遇到被女人宠坏的男人。你什么都给了他，他很开心，还想着“既然你什么都为了我，那我也就不客气了”，不但不回馈，反而会索要更多，有些竟是无理取闹。可是，谁能一直付出而不计收获呢？女人通常也还是会在爱情的热度被消减后，因为对方的回馈不合比例，自己愈来愈觉得划不来，只好黯然认赔，离去。

第三种很幸运，遇到的还算是“有自制力”的好男人。你给他，他懂得感恩。不过，即使是遇上这种男人也未必会有好结果。

比如说我昔日的一个同学，他自认为是个好男人，上大学时就自己筹学费，还要负担家计。大二时认识了家境甚佳的小娟。“小娟很会照顾我，常常会送我一些名牌，像包包、衣服、鞋子、手机等等，只要她觉得适合我，她就会买给我。我要她别破费了，我不在乎是不是名牌，她却总是执意要送礼物给我，我不收，她还会生气。”

“我知道她很在乎我，所以才对我这么好，可是渐渐地，我有一点吃不消她的爱了。有时要应付考试，她却要我陪她逛街，真不知该如何是好。后来，我还是以‘课业为重’的理由和她提出了分手。”

为了让女友死心，他铁了心连续一个月不接她打来的电话。结果，她在传给他的最后一通短信上痛骂了他：“狼心狗肺的男人，我对你这么好，你却这样对待我。我诅咒你！”

“跟她谈恋爱，我的负担太重了，没有那么多时间可消耗呀。”他说。

是的，小娟对他好，他心知肚明，也怀有感恩之心，只是他没有办法忍受小娟的时时刻刻都要在一起，这种无距离的亲密接触让他有些吃不消。

社会竞争激烈，不少男人会为自己做“人生规划”——因为他们决定先“立业”再“成家”，所以“耗氧量”太大的感情他们没法奉陪太久。

如果男人用“课业为重”或“事业为重”和为由同女人分手，可能有两个原因：一、他爱上了别人，只是不好明说；二、你和他的感情耗氧量太大，他想要脱身，讨回一点独立的空间。

如果他与女人分手后更加用心地投入工作中，那么，前女友应当知道，真正分手的理由是爱情已成了他的未来阻力。或者说是她太黏他，这种“捆绑”吓坏了他。

遇上爱情，女人太容易想要付出所有。然而，爱得太多、投入得太过火反而容易成为对方的压力，令他喘不过气来。

为什么自己所有的人生故事都非得请那个男人一起参与呢？为什么就不懂得制造一些空间感呢？

这世上，真没有多少男人喜欢黏人的女子。

女人得学会营造自己的空间，有自己的生活圈子，一杯清茶，三两知己，推杯换盏，而不是总围着一个男人转。

为什么你非要没事就缠着他呢？

对某人纵使再爱，也要学会“理智”。飞蛾扑火般地去爱，一个不小心，你可能就把自己烧死了。

永远别让一个男人觉得你离不开他

爱上一个人，当然可以黏他，但终须要把握好度。

一个“度”字，不仅仅适用于男女情感，也适用于一切的人际交往。要知道，近之则腻。

台湾有句著名的白米广告词——“有点黏又不会太黏”。

和男人相处，女人要像优质大米一样，有点黏又不会太黏。有时，给他绑上一条绳子，让他学会牵挂；有时，给他一些空间，任他放牛吃草。整天黏着他，他会觉得“我好比那笼中鸟”般毫无自由；但过分放纵他，平原纵马易放难收，他可能又会忘了回来。

男人就像风筝一样，线扯得太松了飞不起来，拉得太紧则容易扯断，所以，女人要懂得忽松忽紧地抓住男人，跟男人的距离不妨保持若即若离。

有时盯牢他的行踪，有时容他躲进自己的小世界；有时让他觉得你很在乎他，有时则把他当壁画，在一旁闲着；大多数时候要信任他，但偶尔也要对他投下“不信任票”。

要像母亲一样宠他，呵护他；也要像女儿般依赖他，向他撒娇。你可以是他的知己，陪他做梦、发牢骚；你也要是他的“粉丝”，在他吹牛时，还是坚持以崇拜的眼神看着他；甚至你还得是他的“敌人”，适时地给他一些刺激和打击，让他冷静清醒。

如此这般，他就会像孙悟空一样永远也逃不出你如来佛的手掌心。

但你不能太黏他，不可让他产生这样的想法：哦，这个女人，我已经看透了，无论我怎样对她，她都还是会死心塌地跟着我。

万万不可令他产生这种误解！否则，他便会对你失去尊重。没有尊重的爱，你会很苦很累。

而你却可以让他体会到，没有你，他的生活一点意思都没有。

相爱的人给予对方的最好礼物是自由

女人追求爱情，但不能盲目地痴情。一旦痴，就会呆；呆了就傻了，再好的感情或许都会没戏。

一个懂得爱自己的女人，必须要学会独立，有自己的工作，也有自己的朋友圈子，不能太黏或太依赖男人。如果你把男人当作你的天，那么一旦天变脸了，你的世界也就坍塌了。

众所周知，男人喜欢征服，越有挑战性越想去征服。所以，女人要懂得适时拒绝。

比如，他约你吃饭，你不要每次都迫不及待地答应，要找借口推辞。如果他约了十次，你最多赴约三四次。当拒绝他的邀约时，你甚至可以说你今天晚上因为另外一个约会而不能赴他的约，那么，他会为了你整个晚上都坐卧不安，他还会充满醋意地追问你和谁约会去了。但你也不能做得太过分，不能让他感觉到你根本不在乎他，你要让他知道你对他是在乎的，但你也有自己的空间，并非所有的事都得有他一起参与。

你也可以故意避开和他的一些约会，以及电话沟通。在他追问之时，你可以故作轻描淡写地提及你最近的生活安排。

周莉就是这样做的。

有一段时间，周莉与男友几乎每个周日都在一起吃午饭。有一次用餐时，她发现男友对周围顾客和餐厅装饰的兴趣似乎比对她更大。

周莉知道，是时候要有些改变了。

到了下一周，男友打电话约周莉，周莉婉转地拒绝了。到了第三周，男友为了顺利约会，早早就去买了电影票，并在高级餐厅订好了玫瑰花和豪华套餐。

是的，爱他，但不要丧失自己的生活空间。

你的生活热情可以因他而更旺盛，但他不能是你生活的主宰。

你展现在他面前的，是一个自信又独立的你。

男人很怕失去自由，然而当他们发现女人并不是那么需要和依赖他的时候，那种对约束的恐惧感便消失了，取而代之的是他们迫切地渴望成为你生活中的一部分。

有些女人为了男人，不惜牺牲自己所有的社交活动和兴趣爱好，像膏药一样黏着男人，以为这就是爱的最好表达方式。错了，这样做，只能让男人逐渐地疏远她、冷淡她。

女人也要学会恰到好处地让男人吃醋。比如你的朋友圈子里要有几个优秀的男士，他们的存在，就像是远程运输沙丁鱼时在鱼槽里放养的鲇鱼。有鲇鱼，水活了，沙丁鱼也紧张了。

不要以为只有女人会吃醋，其实男人更容易吃醋。只是很多时候，女人不给他吃醋的机会罢了。

不过，切记，这种“小聪明”只是为了激发你的他产生些许嫉妒心，对你保持高度的注意力，而你千万不要笨到和你的男性朋友假戏真做。不要和异性朋友玩暧昧。否则，你的他对你就不再是仰慕和追求，而是唯恐避之不及了。

让你的他吃点醋还有个好处，可以由此观察这个男人的品行。如果他强烈阻止并控制你和异性来往，甚至对你施以暴力，那么，你要毫不犹豫地离开这个男人。控制欲太强且动辄就用拳脚暴力解决问题的男人，是要不得的。

聪慧的女子,时时刻刻都应明白,该如何保护自己不受伤害。

聪慧的女子也明白,无论爱上哪个男人,都不能让他以为非他不可。好的感情,是彼此相爱但彼此又有独立的生活空间,彼此自由。

相爱就是在自由和亲密中游移。

有独处的自由,也有独处的能力,才有相爱的实力。

婚恋需要经营。

那些能把婚恋经营得风生水起的女子，她们在独自生活的时候也能保持制造新鲜和乐趣的能力，这是人生快乐的源泉。所以她们的爱情，不是苦兮兮的“没你不行”,而是乐呵呵的“有你更好”。

愿你有独立的自我,也有绽放的自由。能享受一个人的晚饭,也能做两个人的早餐。

爱情梦想还是要有的，万一实现了呢

我经历过N段感情，每一次都是很快乐的，都有美好的回忆。所以我不认为自己是感情的失败者，也不觉得这一次经验就一定会影响下一次恋爱。

——张曼玉

你还相信爱情吗？

爱，是一种能力。

有爱的能力，这比什么都珍贵。

无论曾为爱受过多大的伤，无论单身的日子有多长，为等待一个对的人用去多长的光阴，都请不要失去爱的能力。

要相信爱情，相信最对的那个人会来到，而你，你值得拥有最美最幸福的爱情，也值得拥有最般配的最好的男人。

可是，却也有一些人，在生活里逐渐丧失了爱的能力，也不再相信爱情。

我曾问过身边的一些朋友："你还相信爱情吗？"

有人调侃地说："相信啊，就像相信鬼一样，听说过，没见过。"

有人一脸迷茫地说："我相信，但还在等。"

也有人答得更干脆："鬼才相信！"

我只能说，爱情是一种信仰，你相信，它才会存在。

相信爱情，这是一种态度。

哪一个人不渴望幸福生活呢？幸福生活又怎能缺少美好的爱情呢？

当然，爱情不是拥有幸福生活的唯一标准。只是，一个人倘若没有爱情，即使物质再丰富又能怎样？她的感情是贫瘠的、荒凉的。纵有良辰美景，也尽如虚设。

以星座论爱情是一种什么体验

我有个朋友，她从事星相的研究。我和她探讨，生活中什么样的女人不再相信爱情、什么样的女人还相信爱情。她说她愿意从星座学的角度来解答这个问题。

在她心中，至少有六个星座的人是坚信不疑地相信爱情的。

排在第一位的是天蝎座。

不少人认为，天蝎座的绝情比温情有名、冷酷比热烈有名、狰狞比平和有名、恨比爱有名。是这样吗？

我就是天蝎座。天蝎座的确是冷漠的一群人，往往事不关己高高挂起，某件事情一旦结束，天蝎座就随着事情的结束而决然抽身，不会在烦恼的河里沉溺太久。但是，天蝎座的人看起来再冷漠，他们却从不冷淡爱情。

天蝎座对爱情有着天生的痴迷。他们很愿意为爱情付出，哪怕百转千回也从不放弃。有时候，天蝎座的人明明知道爱情会毁了自己，但也在所不惜。

和天蝎座很有一拼的是双鱼座。

双鱼座的人，他们相信爱情是没有理由的。无论他们是否懵懂无知，都在无形中理解了爱情的精髓，如同精灵般剔透。

很多人给双鱼座冠以“花心”“滥情”“不负责任”的坏名，其实不是这样的。双鱼座只是从不追问爱情来的理由，因为没人能给出正确答案。他们要做的，只是不断地追寻，这就是双鱼座相信爱情的姿态。

而水瓶座呢？

水瓶座可以呐喊一万次与爱情绝交，可以在朋友圈里用最前卫的手段将爱情踩到脚底，说它一文不值。可是，最后，水瓶座依然会活跃在爱情的幻想里。

爱情，其实它是水瓶座生活里最少不得的念想，断了，便找不到生活的激情。为了有激情的生活，水瓶座是不会对爱情绝望的。

在谈到射手座时，我的朋友问我：“你有没有听说过一句话？越是花心的人，专情起来便越是执着。”朋友说，这句话就是对射手座最好的写照。

射手座习惯于把自己包装得看上去华丽不羁而又风流潇洒，其内却藏着一颗为了爱情而难以平静的心。

谁叫他们的星座名为“射手”呢？射手，当然是华丽不羁的，这才配得上射手潇洒的形象。就像男人是骑士一样，谁见过一个老实木讷的骑士？或可这么说，骑士精神就是射手精神。

不过这都无所谓，只要他们心中相信爱情，并且肯为爱情让自己美好起来，这就是最好的了。

一直都相信爱情，排在第五位的就是摩羯座了。

有人认为摩羯座根本就不懂爱情，这真的是不懂得摩羯座啊！

不可否认，摩羯座的确是十二星座中爱情观比较特别的群体，他们不擅长说山盟海誓的话，却会做山盟海誓的事。或许有人更喜欢听山海般的甜言蜜语，等不到，就提前离开了。没有等到最后的人，就不会懂得摩羯座的爱情。

对生活充满了好奇心的双子座，当然对爱情也充满着向往。

双子座总会用充满好奇的眼睛扫视世界，爱情也逃不出他们的搜索范围。

双子座信任爱情——没有理由地信任，正因为这份单纯，他们往往投入得义无反顾，直到被爱情伤到才开始思考前因后果。但他们依然会信，为捕获到一个感兴趣的人，痛苦的代价绝对不足以泯灭他们对爱的好奇。

其余的星座呢？我的朋友说：“他们当然也会相信爱情，但也很容易对爱情失去信心。或者说，他们根本就认为爱情有也无所谓、没有也无所谓。只要有一份静好的生活，他们就满足了。”

我这个研究星相的朋友，作为一个小有名气的星相研究者，她的话或许还是很有参考意义的。当然，以星座论爱情到底有些不严肃的意味。爱情从来都是无可定论的。可言传，可意会，却从来没个定论。

怕只怕，你渴望爱情，却失去了爱的能力

有句话说："梦想还是要有的，万一实现了呢？"

爱情亦然。

爱情的梦想还是要有的，万一实现了呢？

世间的很多事情，相信就会存在。所谓"宁可信其有，不可信其无"，大抵也有这般意思。

单身者，之所以单身，不过是为要等待一份最好的爱情——最适合自己的。

活着，虽然爱情不能当饭吃不能当衣穿，但没有爱情，吃得再好，穿得再华丽，也还是会觉得少了点什么。就像是冬天，冬天当然可以没有大雪纷飞，但谁都承认，没有雪的冬天是寂寞的，就像春天没有花开夏天没有绿树浓荫，而秋天没有金黄的收获。

单身，只是一个状态，放在长长的一生中来看就像火车在某个小站短暂停留，而火车终是要再往前行，终有个终点要抵达。

在单身的时光里，静以修身，心怀爱情的向往，有一天遇见一个对的人，单人床丢掉，换上双人床，烟火岁月，两个人一起过美妙的生活。

就算曾经为爱受过伤，那又怎样？

你要相信，离开的，都是不适合的；给了你难过的，都

是不爱你的;不爱你的,你放弃他,不值得可惜。

请一直要相信，相信最好的爱情会在下一个路口的转角和你迎面相遇。

不要为等待而焦虑,也不要刻意去寻找,真正的爱情从来都不用刻意安排。该来的时候,就来了。

许多奇迹,相信就会存在。爱情也是一种奇迹。

奇迹尚未出现,请保持爱的能力。

所谓爱的能力,就是心底有杆秤,明白你需要什么、你爱的人需要什么,以及如何成全种种需要。

拥有爱的能力的人,跟谁都可以幸福一辈子。即使是自己一个人,也能好好到老。

怕只怕,你渴望爱情,却失去了爱的能力。

爱情的机遇,往往取决于女人自身的强大和灵性。要做捕获美好爱情的女王，前提是你已是否准备好了一个足够优秀的自己。先爱自己,让自己一直好好的,那么在爱情里便有了物竞天择的优势。

当有一天,你遇见他,心底情意萌动,那就爱吧,两个人的手一牵,连命运都改变了。

Part 3

无论何时，你就是你自己，你还有你自己

取悦全世界不如取悦自己

我是独一无二的。不过我也是一个人，我不能做所有事，但是能做一些事；我不会拒绝做自己能做的事。

——海伦·凯勒

取悦自己，总好过费尽心机去讨好别人

台湾女作家吴淡如说过："每个人心中都有一首歌，即便没有掌声，我们也能歌唱，也能取悦自己。"

你可有想过取悦自己？

或许有人会说，取悦自己不就是自娱自乐吗？

你可以理解为是自娱自乐。

自娱自乐并没什么不好。无论处于怎样

的境地,你都有办法自娱自乐,让自己开心,这是一种很重要的能力。

自我取悦,总好过你费尽心机去讨好别人。

人活着,要学会取悦自己。

如果一种力量来自内心,它对行为的作用将会非常强大而持久,这就是内在激励。

自我取悦也是内在激励的一个好法子。通过内在激励,你会更自信。

自信的女子最美丽。

做一个取悦自己的精神贵族

如何取悦自己呢?

方法有很多。姑且列举几项轻易就能做到的,算是抛砖引玉吧。

想取悦自己,你就要学会打扮自己。

俗话说,贫女净梳头。为何即使清贫也要净梳头?这是一种姿态。每个人都要为自己的脸面负责。一个懂得取悦自己的女人一定懂得打扮自己。从头发的样式、护肤品的选用、服装搭配,到鞋子的颜色,无一不需要你细心面对。

没有任何一个女人可以单靠美貌赢得男人的尊重,但也没有任何一个女人可以素面朝天赢得人们的欣赏,更没有任何一个女人能不加修饰地与岁月抗衡。聪慧的女人,总是懂得内外兼修。没有自然美,只有美得自然。美,不是为了取悦别人,其实是为了尊重自己,因为你比你想象的更为重要。

妆扮自己，让每一天的心情随之一起靓丽起来。美丽着，不为取悦男人，也不是虚荣的表现，而是女人热爱生活与维护自尊的表达。端正的五官，丰富的内涵，恰当的装扮，再加上自信、健康的心态，这就是女人真正的美。

妆扮自己，也是自我调节心境的一种好方式。

想想看：穿上自己喜欢的衣服，化上精致的妆容，在闲暇时间找个清雅的地方坐坐，欣赏着悠悠浪漫的轻音乐，品尝着浓香的热咖啡或一杯香茗，眼里也慢慢散发出朦朦胧胧的、如一泓深泉般深邃的亮光……这样一个女子，哪怕她只是静静地坐在那里，一幅绝美的风景也会悄然绘成，娴静、淑然、暗香浮动。人人见了都喜欢。

还有，你要学会自我欣赏。

自我欣赏，也可以理解为适度自恋。适度的，就是健康的。

适度自恋，这是自信心的源泉。自信的女子，从容，大度。

你光彩照人，你举止优雅、落落大方，见识丰富而又态度温婉，虽然不动声色，但你的高贵气质和个人魅力却像一束花静静地在空气中流转。这样的你，既有锋芒又不失内敛，笑容美好，气质凛然而高贵，男人爱慕你却也心有敬畏。他知道你是莲花，可深爱而不可亵玩，只有全心全意地爱惜。

取悦自己，请优雅地去爱。

女人真正的美，在于优雅。优雅是一种恒久的时尚，是一种文化和素养的积累，是修养和知识的沉淀。从一个女人优雅的举止里，可以看到一种让人赏心悦目的文化教养。

优雅地活着,优雅地去爱。

如何优雅地爱?

无论何时何地,无论面对一个什么样的男人,你们的爱,应能使你变得更好、更快乐,而不需要你委屈自己以求全美。

如果一份爱使你不快乐,给你平添了许多忧患,那就该趁早结束。爱情不是你折磨自己的借口。

所谓相爱,就是在一起幸福。如果不能,请及时地勇敢地放手,不吵不闹,不争不斗,优雅地转身,走开。

女为悦己者容,更为己悦而容

都说“女为悦己者容”,其实更应该“女为己悦而容”。

盲人女作家海伦·凯勒说过:“我是独一无二的。不过我也是一个人,我不能做所有事,但是能做一些事;我不会拒绝做自己能做的事。”

对,自我欣赏自我取悦,就该有这个态度。

对自己好一点,无论什么时候,你喜欢做什么,穿什么样的衣服，包括你喜欢谁爱谁，都请先问一问自己的心。只要不伤害别人,都可以大胆放心往前走,没有什么对不对。

许多人,总是把自己快乐的钥匙交给别人,自己所做的一切都是在做给别人看,让别人来赞赏,仿佛只有这样才能快乐起来。而其实，许多时候我们都应当为自己做事,为自己而活,做一个有意义的自己。

一个人，只有取悦了自己，才能不放弃自己；只要取悦了自己，也就提升了自己；只要取悦了自己，才能影响到他人。

你若真的低到尘埃里，谁在乎你开不开花

人生短短数十载，最要紧的是满足自己，不是讨好他人。

——亦舒

偷听女人心

不和自己不喜欢的人谈情说爱，果断拒绝他。那么，面对自己爱的人呢？要主动献殷勤吗？

或者说，你遇见了一个让自己很动心的人，你该如何对待？

当乘坐公共汽车时，我最喜欢做的一件事是静静地坐着，听周围的人谈话聊天，尤其是女人间家长里短的闲话。这不是恶意偷听，我只是想知道人们都在想什么，最关注

什么，又是用到什么样的态度在对待生活。

常听到年轻的女孩子这样说："我男朋友喜欢我留长发，没办法，只好留起来啦。其实我喜欢短发，干练，也方便。"

也有女孩子说："我暗恋的那个男人，他喜欢娇弱型的女孩，为了引他注意，我就天天不吃午饭，在电梯里遇见他故意装出体虚气弱的样子。这一招还真管用，他以为我真的是林黛玉呢，都开始主动约我了。在一起出去的时候，他嘘寒问暖的，真体贴！"

不过这女孩子话锋一转，叹气道："其实我最讨厌的就是林黛玉那型的了，没想到却为他做了回林黛玉。咳，更可怜的是我的肚子，天生的大胃王，不能吃饱饭简直比用刀子扎我还难受！"

我在旁边听着，真替她感到可怜。

有一次还听到一个女人说："一起出门，老公只允许我穿套装，觉得这才显得体面。可这样子显得多老气！没办法，谁让他喜欢呢？"

这个女人更可怜了，穿自己一点都不喜欢的衣服，想必她得这样委屈自己一辈子。一辈子啊，想想都觉得可怕。

刻意讨好他，你必将吃尽苦头

这世上有很大一部分女子，天天都在发愁一件事：怎样才能做个讨男人喜欢的女人。

她们不知道，当她们在想如何取悦男人时，就已经注定了不会赢得男人长久的喜欢。

作践自己，换他怜爱——这是最糟糕的一条路。

有可能，在一开始，你的讨好让他很享受，但时日长久后男人就腻了，不再买你的账：“我说什么就是什么，你可不可以有一点自己的主见！”

更有品行差的男人，你讨好他，他反而虐待你，认为你就是个软骨头，可以随意作践。你稍有不顺他心的地方，他爆粗口倒还是小事，兴许拳脚也会跟着上来呢。

人是有贱性的，谁对他越好，他反而不拿谁当回事。男女情感中，尤其如此。

所以，如果爱一个人，你可以对他好，但不要刻意讨好，更不可丢失了自尊去讨好。否则，后来吃尽苦头的便是你。

真正懂爱的女人，一定知道：取悦男人不如取悦自己。

不要为了讨好他而放弃你的小宇宙

千方百计地去取悦他人，这是世界上最笨的人做的最蠢的事。

而一个女人做的最不体面的事，就是将自己低到尘埃里去取悦一个男人。

张爱玲很爱胡兰成，在她送给胡兰成的照片背后写着这样一句话：“遇到他，她变得很低很低，低到尘埃里，但她心里是喜欢的，从尘埃里开出花来。”

低到尘埃里去，真的能开出花来吗？

聪慧的张爱玲，换来的也不过是胡兰成一次又一次的背叛。真正低到了尘埃里，尘埃没有养分，又怎会开出花来？

真正的爱情，不需要某一方屈尊，不需要某一方委屈，它是两个独立个体之间对等的交流。

低到尘埃里才能开出花的，不是爱情。

别取悦谁，别讨好谁，别委屈自己，这个世界上没有几个人值得你弯腰。弯腰的时间久了，只会让人习惯于你的低姿态，越发认为你不重要。

不讨好任何人，你只需要把自己和对方放在同一个位置上。记住，你们是平等的。

越是在关系变得更亲密时，你越应该保持当初吸引对方的某些特质。进入亲密关系后，有些人很渴望将自己与对方融为一体，成为对方的一部分，因此而失去了自我，这往往是得不偿失的。请不要试图把自己变成对方的一部分，就算你们的关系进入到很亲密的阶段，你也要保持自己的独立性，做一个完整的人。

靠低三下四、折了自尊要来的不是爱情。

爱情的目的是为了增进彼此的生命，使彼此丰盈，一起获得更好的生活，一起在这个世界上成为比先前更好的人。

而你呢，你爱一个人是为了什么？为了去伺候他的起居，给他端吃端喝，做他的保姆？为了改变自己原来的脾性，放弃许多自己心爱的东西而成全他，以求能够从他那里换得一些浅薄的喜欢？为了承受他的冷言冷语，甚至是拳打脚踢？别蠢了！不要活得太有奴性哦。

一个真正爱你的人，他不会舍得你因为他而放弃自己的小宇宙，他爱的就是你的美丽小宇宙。

你唯一需要做的，就是做你自己，且相信自己的价值。

他的快感,没你的健康重要

健康就是金子一样的东西。

——高尔基

你所有的哭和笑,
都是你自己选择的

李茵来到我的心理咨询工作室时,还没开始倾诉便已哭得稀里哗啦。

当我听完她的故事后才知道,她的处境远比我想象中还要糟糕得多。

在成年之后,一个女子,她的喜悦或痛苦的背后往往都站着一个男人。李茵的喜悦是从认识王成开始的,她的痛苦也是由王成而起。

对王成产生好感，是因为有一天王成说了句"以后就到我家去吃饭吧，我要我妈妈加一双筷子"。为何突有此言？在某次聊天时，单身的李茵说自己平常不怎么在家做饭，一个人的饭实在不好做，又耗时间又很容易造成浪费，王成就对李茵说了那句话。

也就是这句看似平常的话，温暖地打开了李茵的心。

随着后来交往的深入，李茵才发现，王成做任何事情都会听从父母尤其是母亲的意见，包括他和李茵的关系。

李茵只见过王成的母亲两次，王妈妈明确表态，不喜欢李茵。李茵太瘦小了，王成身高一米八，而李茵却还不到一米六。王妈妈认为这会影响到下一代的身高。这种偏见，很使李茵的自尊心受伤，但为了王成，她忍了。

其实，李茵和王成在生活上也有很多分歧。首先是消费观念，李茵讲究生活品质，而王成则爱俭省，买东西只贪图便宜。王成特别害怕进商场，其实李茵从没想过要王成给她买什么，即使看上了某样东西也是她自己付款。

有一次李茵提议去商场逛逛，王成很不乐意。看到他那个表情，李茵心里很生气，说："那你回去吧，我自己逛。"结果他真的扔下李茵回家了。事后两人狠狠地吵了一架。

没料到，王妈妈知道了这事儿，竟要王成和李茵分手。王成很孝顺，同意了。

李茵也决定分手，这样的男人实在是不理想。

但事不凑巧，分手半个月后，李茵发现自己怀孕了。这情节只应该电影中才有啊，却真真切切地发生在了李茵身上。

更要命的是，李茵告诉王成她怀孕了，王成回了一句:“以前你也说过你怀孕了,这次随便你怎么说!”

又是一番争吵,最后得出个结果:安排李茵去医院做人流。

在医院做了一系列检查后,王成忽然又改了主意,不做手术了,只吃打胎药。是的,他嫌做手术费用太高。李茵想,吃药就吃药吧。不过,拿到药后,她突然期望事情会有转机,哭着问王成:“可不可以留下这个孩子……”

王成沉默了一会儿,他说要给妈妈打个电话。

通完电话,王成说:“还是不要了吧。”

李茵彻底绝望了。她记得她捧着药丸含在口里,眼泪不停地流,她盯着王成,就是不肯下咽。僵持了一会儿,她吐出了药丸。王成一颗颗捡起来,一共是六颗,已经变形了的六颗药丸。

李茵闭上眼睛,把药丸吞下。

后来的痛苦,是李茵有生以来从未体会过的。她一辈子都忘不掉。

孩子没有了,和王成的故事也结束了,李茵却无法原谅自己,她陷入到深深的自责中,整夜整夜地失眠。

李茵坐在我对面,伏在桌子上,痛哭着。

由她哭吧,哭出来她会好受一些。

和王成分手,于李茵来说,未尝不是一件幸事。因为感动于一句嘘寒问暖的话,而爱上一个人;交往后,明知彼此精神上门不当户不对却不及时刹车,终于滑向深渊,这是谁的错?李茵。明知山有虎,偏向虎山行,活该被虎咬伤。

如果说情感上的伤害终会被时光治愈,那么堕胎呢?

堕胎于李茵的身体来说是不可承受之重。

一对男女，都还没有做好结婚的准备，为何不采取避孕措施？

一个女人，一生中或可承受三两次失恋，但她究竟经得起几次堕胎？一次都已是多。

为什么一定要等疼过才懂得保护自己

每个女人都是一朵美丽的花儿，每朵花儿都需要精心浇灌、深情呵护。

堕胎不啻是害虫，使花儿憔悴。

可是，在生活中，堕胎对于某些女子来讲就像吃口香糖一样轻易。

有多少女人知道，每做一次堕胎手术，患上妇科疾病的概率就会比健康人上升数倍？又有多少女人知道，一次堕胎后就有可能患上某种久治不愈的妇科顽症？

一位妇产科医生说："女性的身体就好比一块地，而不规范和多次的人流就好比恣意和无限度的翻土与耕作。经过一段时间后，再肥沃的土地也会贫瘠。"

另一位妇产科医生则说："在手术过程中，我有时候会对那些满不在乎的年轻姑娘下手重一点。在不伤害她们又顺利完成手术的前提下，我会给她们一些教训。因为痛过，才会有教训。"

得了教训，才会懂得保护自己，不让身体再三再四地吃亏受损。

可是，一个女人有多少可以肆意挥霍的青春和体力花在痛苦的手术上？为什么一定要等到痛过才想起保护自己？

男人这样说，你怎样看

堕胎并非全是女人的错，男人也难辞其咎。

男人应该为避孕负责，有责任在欢爱前采取避孕的措施。

然而，就“避孕是男人的责任还是女人的责任”这个问题，我做了一个网络调查问卷，调查结果出乎我的意料。

一部分男人，尤其是比较年轻的单身男子表示避孕是女人的责任：

“如果她觉得我应该知道，她就会告诉我，反正我能做的不过是使用避孕工具或是体外射精。我认为避孕是女人的事。”

“女孩应该保护自己不要怀孕。如果她笨到怀孕了，那不是男人的过错，她应该自己负责。如果哪位仁兄爱上这女孩，他可以娶她，或替她付堕胎费。”

“欢爱前通常我不会询问避孕的事，平常我会提到，看看我们是不是能达成共识，否则我认定她清楚是否有怀孕的危险。只要我爱她或者我知道我们有机会长相厮守，可能会结婚，我并不会害怕她怀孕。”

有些已婚男士也一样，虽然他们比较关心避孕的方式，但他们还是认为避孕是女人应该处理的事：

“我们刚结婚时，她根本就不管避孕的事。我让她去看医生，准备妥当。如果她爱我，她应该考虑这些事，而不是做到一半时阻止我说：‘我可能会怀孕。’”

“我不需要问她，因为我们结婚了，而且我知道她会小心的。过去几年，她用过不同的避孕方式。我不会为此烦她，这是她的事。”

还好，大多数已婚男人，或是拥有长期稳定关系的男人，他们觉得避孕责任是男女双方的：

“我一向都会保护女人，如果她没有服药或采取其他措施，我就来负责用避孕套。我认为双方应该共同负责。”

“我不会完全将这件事丢给女人。”

“有些男人认为避孕应该是女人的责任，我过去也是这样想的。现在我觉得应该负起责任来，我会询问女友的生理周期。如果她怀孕了，那是双方的责任。真有趣，有时我都知道她月经快要到来了，而她却忘记了。”

如果天下的男人都认为避孕是男女双方的责任，并且男方积极采取相应的保护措施，那就好了。

到底还是有那么一部分男人，他们是“甩手掌柜”，认为避孕是女人的事。不过，通过调查可以看得出来，不少男人其实并不逃避避孕，如果女人坚持要采取措施，男人通常还是愿意去做的。

那么，女人心中可有保护自己的意识？

你的身体，是一切美好的开始

避孕，如果女人自己都不当一回事儿，想必男人也不会太自觉。除非那个男人深爱自己的女人，不愿意让她受一点点伤痛。

为什么一定要等着别人来保护你呢？

如果恰好所爱的人是个知冷知热的人，他处处为你着想，那再好不过了。但如果不是呢？

无论何时何地，无论面对怎样一个男人，无论你有多爱他多肯为他付出，女人，你都要记住，请时刻保有呵护自己的意识。

如果你不保护自己，痛苦就在前面等着你呢。

堕胎，对于任何一个女人来说都不啻是一场噩梦。所以，在这个问题上女人要谨慎，因为身体是你的，健康是你的，一个不慎而堕胎所引起的疼痛也是你的。

有人或许会说："他认为戴上避孕套会产生隔膜感，从而影响到快感，他不愿意戴。"

他不愿意戴就不戴了吗？他有没有为你考虑过，他的一时爽快很可能要你为此而付出血淋淋的代价？如果他连这都不愿意想，或者说想到了却还是坚持己见不做保护措施，他有资格说爱你吗？你还有什么理由再停留在这个根本不顾你疼痛的男人身边？

其实，很多时候，不是生活不给你方便，而是你的姿态一开始就是错误的。你给了生活错误的态度，生活就会将痛苦留给你。

你懂得呵护自己，就没谁能伤害到你，不管是以什么名义、什么理由。

好好避孕，拒绝堕胎。堕胎所摧残的绝不仅仅是女人的身体，还有女人的心。堕胎后的女人很容易产生种种灰暗情绪。有着种种灰暗情绪的女人，又怎能很阳光很健康地去爱呢？

你没有任何理由不呵护自己。

健康的身体是拥抱幸福生活的本钱，你要呵护自己的身体。无论何时何地，无论面对怎样的一个男人，无论你有多爱他多肯为他付出，请记住，你要爱自己、保护自己。你的身体，是一切美好的开始。

不是每一份痴心都能换回爱情

无法厮守终生的爱情，不过是人在长途旅程中来去匆匆的转机站，无论停留多久，始终要离去坐另一趟班机。

——张小娴

生活就像是电影，比电影还要离奇

一份爱情，谁都猜不出结局会怎样。

热恋后结婚，白头偕老，还是两个人爱着爱着突然就陌生了，分道扬镳？都有可能。并非每一份爱情都能修得百年好合的正果。

少年时候看琼瑶的小说，故事里，一对对男女爱怨痴嗔，情节曲折离奇又荡气回肠，看得人心底又是感动又是悲伤。但也会暗自揣想，世间真有这等事吗？爱情一定要让人又笑又哭吗？

少年心思简单，自然理会不了男女间曲曲折折的复杂情感。

后来长大了，经历过几段感情后，终于懂得，原来生活就像是电影，其故事有时竟比电影还要离奇呢。

有一天，在街上看到一个女子嚎啕大哭，她身边站着个神情冷漠的男子。男子自顾自地抽烟，并不理会她的哭泣。女子哭着哭着突然就起身朝男人扑去，厮打，厉声追问："那个妖精哪里好？你为啥爱她不爱我？"

看着那对男女打闹，竟产生了在看琼瑶小说的感觉。

不配合谁去演一出闹剧

总有一些事情是不能预料的。

世间的痴男怨女，曾有过很多很多甜蜜缠绵、轰轰烈烈的过往，又能怎样呢，总抵不过命运的安排，说分手就分手了。

如果这忧伤的事发生在你身上，你会怎样？

会像上述那对男女一样，在街头上演一出闹剧吗？

虽然不知那对男女到底发生了怎样的故事，但我不太赞成他们当街哭闹——有什么问题，两个人私下细细盘点就好，不必众目睽睽下厮打得蓬头乱发鼻青脸肿，这样并不能解决什么问题，却徒为路人添一些茶余饭后的谈资罢了。

最重要的是，一个女人，当男人做出分手的姿态后，不必追问不休为什么不爱了。

他说要离开时，追问他，不放他，只会让他看轻你，并且心生得意：看看，这个傻瓜女人，她离了我就像天塌了！

人是有贱性的。你越在乎他，他越不在乎你，心里还很得意，故意给你一些伤，看你怎么收场。

最好的姿态是微笑着转身走开。让他知道，就算没有他你一样能活得下去，哪怕你是真的很爱他。

洒脱一点，你会好过一些

如果他不爱你了，你留在他身边做什么？让他看着厌烦，还是让他越发觉得你不可爱？

如果他不爱你了，你在他身上也就得不到温暖了，他不会再关心你是不是饿了、是不是冷了、是不是委屈了……他真的不关心了。

如果不爱了，你死乞白赖地让他回来，就算回来，他心里容不下你，你整天面对的不是一个有爱的人，那有意思吗？

不爱了就是不爱了。

如果他不爱了，你就给他自由，让他去。

你要像他一样，转身离开，不回头。

你要让他知道，你一样也能离开他，你不是他的专属。

“你不爱我了，是吗？那我也会不再爱你了。你有你的选择，我也有我的骄傲。”

这并非是在鼓励你当爱情出现问题时理也不理说分就分。一份感情出现问题，若是可以解决，就算你们说过分手，当冷静下来之后彼此还会有爱，你们还是能够走到一起。

说分手,就彼此分开一段时间吧。这是一个冷静期,彼此都重新考虑一下是否真的适合在一起。

就算真的从此各自天涯,你若洒脱一点也会好过一些。

有首歌这样唱道:“开始总是分分钟都妙不可言,谁都以为热情它永不会减。当所有思绪都一点一点沉淀,爱恨情欲里的疑点、盲点,呼之欲出,那么明显。男人大可不必百口莫辩,女人实在无须楚楚可怜,总之那几年,你们两个没有缘。”

他失去的是深爱，你离开的是错爱

丢了就丢了，何不继续向前走去，鲜美的葡萄还有很多。

——苏格拉底

他已无情，你别再有意

沉湎于一段失败的感情里走不出来，这是可怕的。

你要知道，当他不爱你了，他的心便不会记得你。就算他知道你深爱着他，他也会选择装着不知道。

在这个时候，你的爱，你的人，就会显得廉价许多。那么，还是算了吧。分开，从此人生故事各自悲喜各自曲折。

分开后，即使你再不开心再彷徨无助也

不要去找他，不要幻想着从他那儿讨一点温暖或安慰，他那儿绝对不是你应该去的。

也许你会再想要一点什么，于是说："我们见面吧。"或许他会说："好，不过我现在有点事情。晚些时候你再给我电话吧。或者我给你电话也可以。"而你这时千万不要当真，他只是找了个不是很高明的理由来搪塞你。请不要真的去等，不要骗自己。

当他不爱你之后，请不要同他讲你的琐事，他无暇或者说根本就没兴趣再去了解你。你的生活，你的过去，你的长处短处与他何干？即使你讲了，他也很快会忘记的。就如同他已忘记你的生日、你的地址、你的电话。

没有爱，你注定再也挤不进他的生命。哪怕你要的只是一个很小很小的角落。

当他不爱你之后，请不要在他面前流眼泪，不要在生病的时候告诉他。他无法给予你照顾和关心。

请骄傲的你，不要放弃本来属于你的骄傲。

当他不爱你的时候，请不要去计算你曾经的付出，不要计较对与错。这样会快乐些。要记住，你与他之间的爱是单方面的，你用心，他无心。

也不要怪他。或许他也想做好一些，对你不那么冷漠。可是，爱一个人，对一个人好，本来就是一种本能。对不起，你已激不起他产生这样的本能。

没关系，你只是失去了一个不爱你的人

你会怀疑自己吗？认为他突然不爱你了，是因为你不够优秀？

当他不爱你时，请你不要失去你的自信。

爱一个人，并非因为他有多么优秀，而只是曾有那么一瞬间，你们之间产生过一些奇妙的感觉。他让你有过奇妙的感觉，于是你爱他。同样，他不爱你，也并非因为你不优秀。优秀，不是爱的理由。

你若因为他不再爱你了，就失去了你所有的自信，甚至失去了生活下去的勇气，那可真是太傻了。你是为他而活着的吗？你父母将你带到这个世界上，就是为了等你爱上一个陌生男人，然后因为那个陌生男人而失去生活的勇气？肯定不是！

当他不爱你的时候，不妨给他一些祝福，愿他以后生活得不错。曾经有过爱，便不必有恨。爱是美好的，恨却是丑陋的。何必让生命中曾经最美好的东西化作丑恶呢？

也不要觉得不公平。

关于分手，他失去的是一个爱他的人，而你失去了一个不爱你的人，却得到了一个重新生活重新去爱的机会。

请不要去想什么“永远”。爱没有永远。

当你们的爱已经不再，不要再为他去做傻事，希望得到他的感动。别傻了，他只会在意他爱的人，至于你，他不爱你了，你做什么都与他无关。

不要试图努力让他回心转意。没用的，爱既失去，就不可能再回来。

不要天天期盼着他的出现。他的出现再也不是因为你。

不要在他的面前流泪。那只能让你在丢失爱情的同时丢了自尊。

不要在他面前歇斯底里。那只会让他对你的厌恶倍增。

你要学会对他微笑,然后优雅地转身。

优雅地转身,这很重要。

不爱了,真的没关系。你只需要告诉你自己:我一定努力让自己过得幸福。

当然,你可以把自己灌醉后痛哭一场。以前你总是很在乎你的形象,做了一些你本不擅长的事,你变得一点都不像自己,但还是失去了他。这真是得不偿失。索性就趁着这机会,去喝醉吧,痛哭一场,然后做回你自己。

你可以让自己在有限的时间内小小地放纵心情,醒了,你会觉着什么都不重要了。你要告诉自己,无所谓了。

不爱了,就放手,让别人解脱的同时也解脱自己。

或许在优雅地转身后,会有那么一段时间你难过得无法想象,那又怎样呢?生活依旧要继续。

你要好好生活,照顾好自己

你要始终记住:不爱了,不要去追问他为什么不爱你。

即使得到了答案也没什么意义。

兴许他只是在敷衍你,胡乱说一些理由。若你将这当真了,竟还试着去改变那些他信口胡诌的所谓的缺点,那你就太傻了。那些他所谓的缺点,说不定就是你最大的优点呢。说不定因为他的不负责任的话,你反而真的弄丢了你本有的优点,真的一无是处了。

男人在不爱一个女人后,真的会信口胡诌,很不负责任。你要他怎么负责任呢？他曾经给你渴望又和你分离，这本身就是很不负责任的行为，这是最严重的不负责任，他连这个都干得出来，还有什么干不出来的呢？

不要去追问他为什么不爱了，请优雅地转身。这是你最后的骄傲。

他失去了一个最好的最爱他的女人。就让他深深地懊悔去吧。

你要好好生活。照顾好自己。

保持微笑，保持优雅。失去了一份坏爱情没什么关系，除了这份不值得的爱，你还有很多能使你双脚坚强地站在大地上的东西。

只要还有性感女人，这世界就值得热爱

性感是一种化学元素。视觉上的性感与本身散发出的性感，媚俗的性感与优雅的性感是两个不同的层次。一个人内心的价值观、对人的态度和行为，比裙子的长短更重要。

——莫文蔚

擅长什么都不如擅长性感

和谁在一起，或者不和谁在一起了，有一种武器你不要弄丢：性感。

性感是对女人最好的赞美。

如果有人对你说："嗨，你好性感！"那你就偷着乐吧，因为"性感"是对女人最好的赞美。

漂亮女人一出场，一下子就能吸引众人

的眼球。而随着时间的推移,并不是所有的漂亮女人都能继续牵得住别人的视线。

有的女人并不漂亮,但她若拥有"性感"这种武器便能够长久地吸引人们的注意。

有档电视节目采访过某个外国女星，主持人问她："你最擅长什么？"

这个问题很有趣,不同的女人会给出不同的答案。但对于一个女演员来说,她会怎样回答?演一个风情万种又神秘冷艳的女特工是她最擅长的?还是演富家小姐或其他什么角色?

金发女郎的答案很是出乎意料,但也在情理之中,她妩媚地一笑:"性感是我最擅长的！"

她话音一落,全场便响起了热烈的掌声。

是的,对于一个女人来说,还有什么比性感更能打动人心的呢?

擅长什么都不如擅长性感,对于一个成熟女子来说。

性感,你也可以拥有

谈到"性感",我想说说莫文蔚。

如果从传统的审美角度来看,莫文蔚算不得漂亮,但她就是有一种魔力吸引着你的眼球：她华丽的长发时而如水倾泻,时而放纵不羁地卷而蓬松着;她可以背部全裸惊世骇俗地出现在自己的专辑封面中，也会穿着卡通的T恤和牛仔裤出席新闻发布会;在银幕上,她会带着牙套扮疯癫、扮丑,也会仪态万千地展示着她的标志性美腿……

真得承认,莫文蔚是个性感女子。

不过我更欣赏的是莫文蔚对于“性感”的理解：“性感不是衣服穿多少，而是一种态度，一种自信的表现，是内在的东西散发出来的结果。”

莫文蔚对性感所下的定义，清楚地告诉了世间所有女子：“性感，每个女人都可以拥有，它不是高高在上只可仰望的，因为性感就是一种态度。”

性感是一种态度。态度对了，你就是性感的。

性感女人，不一定容貌出众，不一定穿着时尚，但她历经生活的磨砺，言谈举止不经意间透露出的淡定、从容与自信总会给人带来暖意与亲和力。

性感女人最能打动人的是她的个性化，这是别人所无法模仿的。可以说，有多少女人，就有多少种性感。

性感是岁月沉淀下来的自然风情，存在于一个微笑、一个眼神、一个动作中……与衣服的领口开得高低、紧身与否、曲线是否凹凸无关。

真正的性感与气质一样，不是生理层面的肤浅理解，而是思想、精神层次的深度与灵魂。

做最真实的自己，自信自立，把素养与内涵融入到骨子里，也许，不经意间你已成为真正的性感女人。

有性感肉体而无性感的灵魂，是一种浪费

有哪个女人不愿意引人注目呢？

为了能够收获更多赞美，每个女人都应好好修炼，使自己性感起来。

性感可以使幸福感由内向外地释放。

你生活幸福——这幸福可以和物质是否丰裕无关，只在于你的态度，在于你如何与世界、生活对视。

有了知足常乐的心态，用了柔软的心触摸感动，你就能够拥有许多幸福。幸福的女人因为心灵的丰富和智慧，心的光芒向外散射，通体都是迷人的魅力，想不被人称赞性感都难。

性感与身材的胖瘦无关。

“体轻能为掌上舞”的赵飞燕是性感之一种，丰满圆润的杨贵妃也是一种性感。

忽然想，如果丰满的杨贵妃一点都不自信，想着减肥，减成“体轻能为掌上舞”的赵飞燕，她还能够赢得唐明皇的宠爱吗？实在难说。

再说赵飞燕，她“体轻能为掌上舞”，那该有多瘦啊，如果她也不自信，认为自己实在太弱不禁风了或许应该再增一些肥，结果又会怎样？是否还能得到汉成帝的宠爱？也实在难料。

自信太重要了。

所以，你是苗条的，很好，保持你的苗条吧，苗条着性感；如果你是丰满的，你也实在不必急着去减肥，丰满自有丰满的性感。做最自然最健康的你，你就是性感的。

性感不是裸露。

少年时，你觉得裸露是性感，肩背腰腿，一起拼了命地露，一弯腰胸前大片花白，一蹲下低腰短裤要溜到大腿根儿，让男生目不转睛，忘了把手塞进嘴里吹口哨。后来，你觉得风骚是性感，走路扭捏像要刚刚幻化成人形的“青蛇”，媚眼眨得就像被扔了一把沙子，在酒桌上大声地笑，黄段子讲得男人都自叹不如。再后来，你觉得性就是性感，无非是前凸后翘一脸傻笑，让那帮雄性动物荷尔蒙爆发，鼻血飞溅，屁股着火似地冲上来。

这些或许都算性感，但这样的性感有多么无聊。

真正的性感，和暴露无关，是那种无关风月也无关性色诱的美。

真正的性感是原汁原味的女人味道。不用任何情色的勾引，却有着烟视媚行的惊艳。性感就藏在女人的言语间、笑容里，既有形又无形，是一种高贵的修养，是女人综合素养的完美体现。她一眨眼便令人惊艳，鹤立鸡群，与众不同，叫人心生爱慕，但绝对不是艳俗。

其实，性感就像灯泡，你要有能量让它发光人们才能看到，才能被吸引，才能像飞蛾一样围绕着你。这就需要淬炼。经历太少，眼里空无一物；能力太弱，心里没底；见识太浅，高温很快消退。太简单，太空洞，或太无趣，都是性感的死穴。漂亮肉体所燃起的熊熊大火，刹那间就会熄灭，接下来的每一秒都是煎熬。

有了性感肉体，没有性感灵魂，是一种浪费。

想起了玛丽莲·梦露，对于这个女人，人们已经无法用漂亮和美丽来形容她，只要她一出现在镜头里，无需任何语言和动作，就让人足够相信，她是下凡人间的天使，是男人心中梦寐以求的性感女人花。

而玛丽莲·梦露不仅仅有性感的肉体，更有性感的灵魂。在人们看不见的镜头后面，玛丽莲·梦露爱读书爱写作，她曾这样说过：“我也是一个有真实情感的人。我需要人们关注的不仅是美丽，还有我的进步。”爱读书爱写作的玛丽莲·梦露，其随笔集《碎片》很值得一读。

独立，这也是性感女人必备的武器之一。

跟随女人一生的不变的性感和美就是独立。外表只会吸引人们接近你，但长久的吸引就得靠独立的魅力了。

性感的女人不会整天围着男人转。

男人不是女人的太阳，没有他的照耀，女人一样有灿烂的日子。女人，你得知道，你是自己的圆心，事业是你不可缺少的人生支柱。你有自己的行动周长和运行轨迹，不会整天围着男人转。你也从来不觉得自己是月亮。你就是你自己的太阳。

你知道如何呵护自己，明白如何将自己最好的一面展现给人们，更有一颗平和而智慧的心，即使是眉目普通，也没谁能说你不性感！

当你开始性感后就会知道，你不再是懵懂无知的小女孩，也不再是为了男人要死要活的纯真姑娘，你终于学会了像植物一样扎牢自己的根。

是时候了，经过时光的洗礼，经过努力的成长，你已谙熟如何爱自己，更可圆润地面对世间的一切情感，你是优雅的，是美丽的，十分性感。如一株开满花的树，花都开好了，人们从你的身旁经过，都会赞叹你的好。

你从不吝于向世界展现你的好。

一朵怒放的花，从不介意向世界弥漫其芳香。

性感从你的骨子里流淌出来，已经无需表演。性感就是这样，像躺在阳光里的玛丽莲·梦露，就算全世界都在看她，她看不到，也无需在意。

只要还有性感女人，这世界就永远值得热爱。

Part 4

你的婚姻状态，由你自己决定

成熟的婚姻是两个强者之间的风花雪月

幸福的婚姻在于，妻子提供好气候，丈夫提供好风景。

——杰拉德·布雷南

和一个已婚的女人谈谈婚姻幸福

亲爱的读者，从前到后谈了这么多，不如歇息一下，来一杯清茶，缓慢斟饮，放松一下，望望远方，看天际云卷云舒，看远方来的风是如何缓慢而有力地摇响窗前那一树叶子。

不过，我不会停下来。我在你品茶的间隙，去和一个已婚的幸福女人开始了一场清谈。请她聊聊其对幸福婚姻的感悟。听听她在婚姻生活中如何宠爱自己，做一个独立自信的女人，和她丈夫“仿佛永远分离，却又终身相依”。

“仿佛永远分离，却又终身相依”，这是爱一个人的最佳态度，保持各自的完整与独立，倒也正好呼应那句婚约：“从今以后，你们仍然是两个人，但只有一个生命。”

将开始对谈的这个女人，她的容貌并不漂亮，但举止优雅、谈吐不俗，认识她的人都赞她很有女人味，很美。

她 31 岁那年才结婚，或者说，她直到 31 岁才确定要和谁共度后来的人生。这个人，也就是她现在的丈夫，是她认真挑选深深爱着的。如她所说，婚前大可花去一大段时间，睁大双眼看清男人，找到最适合的人，那么婚后大可睁一只眼闭一只眼享受婚姻享受生活。果然，婚后的生活如她所愿，虽琐碎但也真实生动，幸福感十足。

当然，这个幸福婚姻和她的用心经营不无关系。

不可认为“睁一只眼闭一只眼”就等于稀里糊涂地生活。

现在，让我和她开始这场清谈。

你继续品茶，待你一杯茶尽，或许我和她也刚好结束对话。

所谓恩爱，就是两个人互相付出互相感恩

“你认为女人应该嫁给一个什么样的男人？”我问她。

“找一个对自己有要求但对女人没要求的男人。”她毫不犹豫地说，“凡是对自己得过且过，却对女人有诸多要求的男人，还是敬而远之比较好。这样的男人，婚后变成毒舌男的几率最高。当然，我不曾经历过这种男人，因为我根本不容许自己接近这种男人，但我身边有不少朋

友遇到的正是这种男人。”

稍微停顿后，她接着说：“女人嫁人，最基本的要求应该就是被自己的丈夫尊重。那些认为有权利对妻子呼来喝去的男人，不是好的结婚对象。”

我点头，深以为是。

“还有，”不等我说话，她又开口了，“嫁人最主要的还是看自己是否对那男人各方面都满意，尤其是两个人的性格上。相似的性格以及相似的人生观、金钱观是幸福婚姻的最好保障。若个性不同，两个人平日里都说不来，还是不要嫁了吧。毕竟你一生中的大多数时间都要与他共度，不要给自己找罪受。”

“那么，如果恰好遇到一个和你各方面都很投缘很相似的人，”我说，“但是因为你太优秀，那个男人说他配不上你，该怎么办？”

这个问题该问，本书开篇就有谈过，美人并非难以接近，是男人没胆量靠近。我想听听她怎样看待这问题。

“一开始就说配不上你的男人，以后他永远都会配不上你！”她言辞犀利，“你出色，你看上的男人未必就比你出色。看对眼这件事，是很奇妙的。对不如你出色的男人，你为他改变自己、付出全部，他却说，你对他太好了，他(学历、金钱、能力、地位、相貌等等)配不上你。那么，打住，所有感情就此打住，无论你的心有多炽热。我身边有很多例子可以证明，没自信的只能靠你屈就才能交往的男人，以后对你不会太好！你的出色只会让他更自卑。”

“如果某男人各方面都很合适，是否可以当机立断就和他结婚？”我问。

“不！”她毫不犹豫地说，“在托付终身前，要去看一看他的家人。不是看他家有多少钱，是看他家人是不是家庭和睦、关心礼让。倘若他家中出现了男人打女人或其他的诸如男人不尊重女人的事，大家还不闻不问、装作没看见，这样的家庭以后也不会给你太多的尊重。”

的确，这个得慎重。

“还要看他用怎样的态度为你花钱。”她说，“对自己手紧，对女友也手紧的男人没有情趣。对自己手松，对女友手紧的男人一定自私，是最不能嫁的。金钱是最能看出一个男人本质和感情的东西。女子谈恋爱当然不是为了谈钱，但如果他在钱上让你感觉不对，就该好好想想他是不是适合你了。在谈恋爱的时候，正常的消费是应该的，见面开始就说清要 AA 的男人太过精于算计，也太怕吃亏了。在未来的婚姻中，有许多需要付出牺牲的地方，这样的男人会最先跑掉。所以，遇到这样的男人，你要离他远点。”

“还有吗？”我饶有兴趣地望着她。

“当然有啊，要警惕暴力男和花心男。”她笑道，“打人的男人不能要，被打一次就一定要分手。你要知道，发生第一次的时候你没有做出什么激烈的抗议，那么肯定会有第二次第三次，甚至更多次。倘若发展到那个程度，就够你哭的了。我认为被男人打的女人，更多的是错在女人身上，谁叫她不懂得反抗呢？还有，花心的、脚踩几条船的男人不能要，发现一次就一定要分手。老话说了，当断不断，反受其乱。”

说到打女人的男人，昨天在街上我就遇到了。也不知到底是什么原因，那男子当街殴打女友。可以看得出来，他们还未结婚。被打的女子很惊恐地躲避着——只是躲避。那男子却追着打。

蠢货才会动手打女人，这等蠢货根本不配当男人。

真正有本事的男人不会打女人，只会和生活决斗，闯出一片天地来，给自己心爱的女人以幸福生活。

"前面一直在说男人，那女人自身呢，应当如何？"我问她。

"女人最主要的还是要努力让自己出色些。"她说，"有这样一句广告词叫作'认真的女人最美丽'。每个人都有选择自己生活方式的权利，但一定要认真，对自己，对工作，对生活，这样的女人就算不是天生丽质，也有一种自信从容的美。只有这样一种美才能和时间对抗，也才是好男人欣赏的类型。还有，你可能不是工作中很出色的人，但你能把自己收拾得干净清爽也是一个很大的优点。不管怎么说，在现实生活中人们还是习惯以貌取人。干净清爽的女人，很容易赢得人们的好感。"

"还有呢？"我问。

"有话明说。"她答，"有什么想法直说出来，不要让男人去猜。能沟通，善于沟通，你的生活会更快乐。不能沟通，说明你们的幸福还没有保证。我想，没有一个男人会以猜女友的心思为乐，因为男人其实都是很懒惰的家伙。不要让他猜你的心思，有话应明说。"

这一点我赞同，沟通太重要了，有些女子输就输在不善于沟通上。

"谈谈你对婚后女人的看法吧。"

她想了想说："不要一开始就在男人面前做贤惠状。"

"此话怎讲？"

"如果他对你的付出心安理得，却不懂回报，他就有大男子主义的嫌疑。不管他有无大男子主义，在生活中你都不要刻意去扮演一个完美的你，因为有扮演就有卸妆，哪天撑不住了演不下去了你卸妆了，做得没有以前好了，他会很受伤，会觉得你骗了他或是你不爱他了。倒不如一开始就有分寸地表达爱意，给他表现的机会，让他也为你做些事。说实话，男人对自己付出的东西印象比较深刻。他为你做得越多，付出得越多，他对你越留恋，越离不开。反而是你的付出，他的获得，他比较没感觉。在婚姻中，常干家务活儿，常照顾孩子的男人放弃婚姻的可能性要低得多，也正是因为这个家是他辛苦造就的，他更舍不得放弃。"她说，"其实，很多花心、狠心的男人都有一个最贤惠、无私的女人在默默付出。我最终下决心嫁给我丈夫，是因为他和我说：'我非常操心你，我总怕你过得不好，或是遇上什么事。只要一看不见你，我就非常担心你。'他的付出和我的感激是我们俩最好的相处模式。这模式每个女人都可以试着操作。对，要的就是他的付出和你的感激，然后就是你们的恩爱了。"

"如果男人出轨该怎么办？"我问。

"当断则断！"她说，"人人都有犯错的可能，但如果一错再错就是自己有问题了。好多女人会因为'和他在一起N年了''他是我第一个男人''我已经……岁了'等等借口，而忍受和一个不善待她的男人生活在一起，最后受伤的还是她自己。我的一个朋友和我说过，这个世界上的事，没有一成不变的，它要么变好、要么变坏，总之，没有不变的。这句话直接促使我走出了一段不好的感情。因为，我知道，如果要变，那段感情只会变得更差，以后我受的伤会更多。所以，很多时候女人需要决绝一点、勇敢一点！”

“莫非这就是人们常说的‘女人对自己要狠一点’？”我话音未落，她就笑了起来。

所谓狠一点，不过就是决绝一点、勇敢一点。

“听说当年你们的婚礼操办得挺隆重的。”我笑着对她说。

“我可不是为了他有能力举办一场隆重婚礼才嫁给他的。”她急忙纠正，“我是因为爱才嫁给他的，这个很重要。一切幸福都需付出代价，但不要让有些代价毁了你的一生。年轻的女生容易被虚荣所蒙蔽，但在真正的婚姻中，那个能在夜里给你盖上蹬掉的被子的男人才是值得你托付一生的男人。”

“你和你丈夫怎样相处？”我问。

“我很珍惜他，因为他爱我、对我好，是个好男人。”她深情地说，好像她丈夫正在她旁边坐着，“要珍惜真正爱你且对你好的男人。好的男人会以真正对你有益的方式对你好，而不是纵容你，也不是以爱你的名义束缚你。这样的男人，如果遇到了，一定要珍惜。”

从某种意义上来说，珍惜那个深爱你的人，也是女人爱自己的一种方式。总是错过最对的人，这样的女子并不懂得生活，也不懂得如何宠爱自己。

“你刚才说自己以前曾有过一段感情，”我问她，“那你丈夫介意你的过去吗？”

“不介意。因为他爱的是现在的我，而不是我的过去。”她说，“不是所有的男人都只爱处女，也不是所有的男人都会在乎你以前的婚姻或情感经历，更不是所有的男人都在意你的年龄或学历。在很多好的婚姻中，男人爱的是他眼前的女人的一切。你受过的伤，他会加倍疼惜；你的勇敢，会让他更加尊重。”

“那你介意你的过去吗，或者说你后悔吗？”

“当然不介意，也不会后悔。如果没有过去的我，哪有现在的我？”她瞥了我一眼，“你只有敞开了自己、放下了过去，在生活中、在世界上你才会得到自在。”

“那你介意你丈夫的过去吗？或者说，你满意现在的他吗？”我想了想，还是决定抛出这个问题。

“我肯和他结婚，怎会不肯包容他的过去？”她说，“我也满意现在的他。如果爱他，就接受他的现在。别幻想着男人能为你改变什么。在你决定同某个男人结婚前，你要看清他所有的缺点，而不是光盯着他的好。婚前的每一个缺点，婚后都会被放大。比如他抽烟，而你又爱他，就努力接受吧，不要幻想着婚后他会为你而戒烟。其他缺点也一样。婚前大可花去一大段时间，睁大双眼看清男人，找到最适合的人，那么婚后大可睁一只眼闭一只眼享受婚姻享受生活。”

“你当初决定接受他的追求，也就是说，从他追求你，到你接受他，用了多长时间？”

“三个月。”她说，“一般三个月，足以让你了解他。网上的交往不算，再长时间的网络接触也不算，真实的生活才有意义。你要和他一起吃饭、逛街，一起做些事，才能了解他。有一点要说的是，好男人和坏男人在追求你的初期都会殷勤地关心你，接你送你，给你打电话，在你生病时照顾你。不要一有人对你好，你就马上陷进去，要多想一想、多看一看，再做决定。不要为男人一开始的追求就那么容易地付出你的心。还有，女人在决定对某个男人付出自己的心的时候最好再问问自己，同他在一起是否真的快乐。过得快不快乐，只有自己知道。很多时候，不是男人在欺骗女人，而是女人自己在骗自己。”

真正的成熟，是自有分寸

这一场谈话，我的感受是，一个清醒的、智慧的女人，她的生活不会差。

因为她很熟悉自己，知道自己要什么、不要什么。她也知道该给别人什么、不该盲目地付出什么。

真正的成熟，是自有分寸。

在婚姻里，有人明明找到了好男人却活得像嫁了个渣男。是因为情商不够，还是因为手段一般？我觉得，更重要的是分寸感，是距离和界线。

女人一旦入了婚姻的围城就容易没了距离和界线，极易走入两种极端。

第一种是自以为大权在握，登堂入室后打着“为了你好”的旗号，立志将后半生投入到轰轰烈烈的改造和驯化男人的大运动中，左手教案，右手皮鞭。男人像被收编了的俘虏，从野兽圈养成了家禽，自由全无，尊严扫地，女人却是满满的付出感：我为你想了做了这么多，你就该更加爱我。

第二种是过了十二点的灰姑娘，主动丢盔卸甲，乖乖地脱下水晶舞鞋，换上粗布衣裳，明明是大宅子里明媒正娶的正主，却活成了后花园里被人伢子贩卖来的贱婢，唯男人的命是从，唯男人的马首是瞻，多了一纸结婚证搞得像签了个卖身契，恨不得让男人在她背上刺上“精忠报君”四个大字，以证她至死不渝。

这两种情况殊途同归，最后都不会有什么好下场！

第一种的后果，要么是男人终于不堪欺压揭竿而起，推翻你这个女皇的旧政权，重建新社会。要么是男人从此颓靡，被你打压得江河日下，从此活得半男不女。

第二种的后果，是男人更加变本加厉地奴役你。你没有独立的人格和魅力，你低到尘埃里连个狗尾巴花也开不出来，反而更加坐实了贱婢的名分，偶尔想挺胸直腰翻身也只会落得“贱人矫情”的痛斥。

其实，成熟的婚姻是两个强者之间的风花雪月。这俩人，不但要练就巨大的耐心去包容宽待另一个人，还要彼此都清楚地知道，在生活中保持距离和尊重、守住界线和底限是多么重要。

甜而不腻，暖而不燥。有甜蜜和温情，也有自知和理性。能亲密无间耳鬓厮磨相偎取暖，又能留下彼此的空间，容得下两个独立自由的灵魂。这才是好婚姻。

有时候，你需要适当地迂回

已婚的人从对方获得的那种快乐，仅仅是婚姻的开头，决不是其全部意义。婚姻的全部含义蕴藏在家庭生活中。

——列夫·托尔斯泰

不要用要挟来控制你的男人

最好的婚姻不存在任何要挟。男人不要挟女人，女人也不要挟男人。

谁能容忍自己被人威胁呢？

胡芳芳一开始根本就没料到，冯大路会杀个回马枪，令她措手不及。

事情是这样的，胡芳芳两年前嫁给了冯大路，由于没有钱，当时只领了结婚证，婚纱照还有婚宴什么的都省去了，可谓是裸婚。结婚后，两人一直都是租房子居住。没办法，房价太高,超出了他们的承受范围,两方的父母对此也是爱莫能助,除了租房之外他们别无选择。

两年来,生活倒也算是琴瑟甚笃。然而,这静好的生活却因为胡芳芳的怀孕而一下子来了个大转弯。

妻子怀孕,冯大路当然开心,不过妻子很快就兜头泼他一盆冷水:一是孩子出生后要跟她的姓;二是要尽快买套房子,房产证只能有胡芳芳一个人的名字,并且要去做公证,证明这套房子只属于胡芳芳一个人。

为什么现在提出了买房子了呢?胡芳芳说孩子快要出生了,她不想孩子诞生在别人的屋檐下。

这理由听起来很不错,冯大路能接受,胡芳芳开出的条件他认为他都能接受。

但在征求父母的意见时,父母却表示不同意。

一是因为冯大路是独生子,父母不同意他入赘到女友家,也就是说不同意孩子随女方的姓。

二是他父母说:"房子当然要买,但房产证至少应该是他和妻子两个人的名字。冯家父母很不痛快地质疑,哪有这样的妻子,和丈夫如此计较,是不是备好了离婚的退路?"

冯家父母不同意,胡芳芳也退让了一步,她对冯大路说:"两个条件中必须最少实现一个。"不过,她又加了一个筹码,说条件若不能兑现,那么孩子就不生了。怀孕又如何?堕胎!

冯大路确实被吓到了,他真的没料到胡芳芳会有此一手,他一直都以为自己很了解胡芳芳,原来他其实并不了解。但是,他和父母又谈不拢。

冯大路夹在妻子和父母之间痛苦不堪。

只有两条路：一、要么是跟父母闹翻，一定要保住孩子，今后自己做主让孩子随妻子的姓，当然，冯大路知道这对他父母的打击肯定不小；二、强硬要家里出钱买了房子，只写上妻子一个人的名字，但这事要办得很隐秘，当着父母的面把房子买了写上两个人的名字，等父母离开后他和妻子再去偷偷做个公证，证明这套房子只归妻子一个人所有。但冯大路的妻子还是觉得没保障，不同意，说是谈不妥就一定要去医院堕胎。

冯大路痛苦不堪，他真的很想让自己的第一个孩子顺利出生，但妻子的要挟实在令他头大如斗。

如此拉锯般商谈了一个月仍未解决，冯大路也生气了，对胡芳芳说，房子暂时不买了，孩子也绝不会跟胡芳芳的姓。至于生还是不生，由胡芳芳自己决定。如果生，那么孩子出生后会尽快考虑买房子，房子去公证处公证属于胡芳芳的，但也必须当着父母的面把房子买了写上两个人的名字；如果不生，好，没什么好说的了，离婚。

胡芳芳没料到冯大路会回马一枪，原来她也真的没了解透彻冯大路。总以为自己已将他拿捏得死死的，到头来才知道他根本就不是个软柿子。

现在能怎么办？

答应冯大路把孩子生下来然后等着买房子？那她实在是太丢面子了，活生生的偷鸡不成蚀把米。

若不答应呢？那只有堕胎，然后离婚。可是，她怎会想堕胎呢？当初堕胎一说不过就想作为一个筹码逼迫冯大路满足自己的条件，她怎会忍心打掉孩子呢？

离婚？这结局也不是她想要的，嫁给冯大路就是因为爱他、想和他过一辈子，要不然当初也不会同他裸婚。

别傻傻地为你自己埋炸弹了

胡芳芳的生活出现这种状况，一大部分原因在于她的处事方式不够智慧。

是的，她有理由为自己多争取一些更实际的东西，但是当她拿肚子里的孩子来要挟冯大路时，她就做了傻事。

为什么要怀上冯大路的孩子，还不是因为爱他？爱他为何还要让他为难到左右不是呢？

当然，胡芳芳的本意只是拿孩子做筹码，而并不是真的要堕胎。但这主意太馊了。

对于男人来说，女人用离婚、用孩子或用性来要挟他们时，对他们的打击最大、最残忍，最后会让其忍无可忍地离开。

每个人都有自己的承受力，幸福也绝不是通过威胁来得到的，打着这样那样的旗帜去打压、威胁男人，就算是胜利了，幸福也不会那么幸福。因为在男人心中，肯定会产生一些灰暗的情绪，比如说他会想，“原来她竟是这样的女人！”“我这次成全她，不是因为爱她，而是我想留住我想得到的更重要的东西！”诸如此类。这无疑为以后的生活埋下了炸弹，天知道哪天便会突然爆炸。

女人为自己争取权益，能用的方法有很多种，但要挟肯定是最不妥当的一种。

这不是教你诈，而是迂回更有力量

对于一个女人来说，嫁给一个好男人当然是一生中最重要的事情。

可是，有些女人又不仅仅是想握紧男人，她还想攥紧更多的东西，以增强自己的婚姻安全感。不得不说，这种女人显得极不自信。

自信的女人，智慧的女人，她知道掌握婚姻命运的是她自己，而要挟或利诱绝不是保护自己的好办法，正如鲁迅先生所说："辱骂与恐吓决不是战斗。"

女人若真想得到一些什么，不妨和男人面对面坐下来推心置腹地谈谈，将你的顾虑或隐忧都细细地摊开给男人看，让他知道你在想什么，让他试着站在你的角度看问题。

有时，你倒也可以"谈至动情处，潸然泪下"。这不是示弱，这只是一种策略。

对于男人来说，他们不惧怕女人来硬的，怕的却是女人温柔的眼泪。

从整个动物界来说，在同类中，雄性虽然英勇好战，但更多地是体现在同性之间，而几乎不会直接针对相对柔弱的异性。而相反，雄性还会有保护异性的正义感，这是生命的伟大之处。而人类更是将这点发扬光大，成为社会生活中的闪光点。所以，一个有正义感的男人怎么会对女人的眼泪无动于衷？更何况，他是那个同你结婚共度一生的男人呢？

一个智慧的女人，一个懂爱且知道如何呵护幸福的女人,她不会去要挟男人,无论筹码是什么。

要挟能得到什么呢?被要挟者要么不回应,要么奋起回击,反要挟。在大多情况下,没有谁能容忍被要挟。毕竟,大多数男人都是吃软不吃硬的。

更何况,女人的要挟,不管是哪种形式的要挟,都会让男人感觉到彼此的感情在流失,使男人觉得女人对物质的看重远远要大过他,这是对男人的一种否定,意味着男人不再具有价值。这些感觉,会深深挫伤一个男人的自尊,深深地撼动他本来对她不顾一切的爱。那么,接下来事情可能会被推向一个无法收拾的地步。

一旦有了不可收拾的迹象,那么男人就会摆出不管不顾的态度,转身一走了之,眼不见心不烦。

到了这般境地,幸福生活该从何谈起?

用利害关系来要挟男人,是下下之策。会伤了婚姻,伤了你自己,千万使不得。

自信又智慧的女人,在婚姻中遇到难题,她长于以理服人、以情动人、以智取人,她深谙欲擒故纵、以柔克刚之理,把婚姻处理得像跳华尔兹,带着她的另一半,嘭嚓嚓,嘭嚓嚓,进进退退转转,轻盈自如。这不是腹黑,是迂回的智慧。

你若光明，世界就不黑暗

神奇的爱，会使数学法则失去平衡。两个人分担一个痛苦，只有一个痛苦；两个人分享一个幸福，却可以拥有两个幸福。

——列夫·托尔斯泰

独乐乐不如众乐乐

孟子有一次朝见齐宣王，他问宣王：“独自一人欣赏音乐快乐，与他人一起欣赏音乐也快乐，哪个更快乐？”

宣王说：“不如与他人一起欣赏音乐更快乐。”

孟子又问：“和少数人一起欣赏音乐快乐，与多数人一起欣赏音乐也快乐，哪个更快乐？”

宣王说：“不如与多数人一起欣赏音乐

更快乐。”

这就是“独乐乐不如众乐乐”一词的来历。

独乐乐不如众乐乐，通俗来说便是“分享”。

“乐人之乐，人亦乐其乐；忧人之忧，人亦忧其忧。”这是唐朝大诗人白居易的话，说的也是“分享”。

不会分享的人，难免孤独。

生命的本质是分享和传递。

分享是一种博爱的心境，一种思想的深度，一种生活的信念。

懂得分享的智慧，你将获得丰富多彩的生活。

也只有当你懂得了分享，你才能找到生活的乐趣，才能明白存在的快乐。

幸福是玫瑰，送人玫瑰，手有余香

女人通常比男人更懂得分享。

女人们聚到一起，总会家长里短、左左右右、远的近的、自己的别人的，能想到的或想不开的，都晾出来，说个不停。说到开心处，一起哈哈大笑；讲到不如意的，一个落泪，另一个也陪着眼睛湿湿的。当说完讲完，到最后都会又笑起来，好像什么不愉快的事都没发生过。

俗话说，“三个女人一台戏”。女人聚到一起谈天说地像唱戏一样热闹没什么不好。不交流、不分享彼此的快乐或难过，才是最不该鼓励的。

话是开心锁，打开天窗说亮话总比闷在心底憋憋屈屈要好多了。

而男人在这一点上不则如女人。男人多是认为“家丑不可外扬”，既然不谈自己的家事那就谈别人的事吧，可是古人又说了，“闲谈莫论人非”，所以男人总是在沉默。

女人们谈天时更愿意谈自己，比如和丈夫的关系，和婆婆的关系，或者不谈家事，单单关于服装或化妆就够她们聊上一天半天的。

聊天，就是分享。

智慧的女人更懂得在聊天时和朋友分享自己的幸福。当然，她们更懂得不在失意人面前说自己的快活事。她们更乐意分享自己的幸福之道，比如如何处理感情上的小矛盾。这样的分享，是健康的。

分享幸福之道的人，将得到更多的幸福。

幸福是玫瑰，送人玫瑰，手有余香。

一个人的快乐，与人分享，会成为两个人的快乐。一种知识，与人分享，不仅是两个人的知识，它还会在分享中增值，变得比原来更多。

分享，不只是一种美德，还是让自己快乐的一种生活方式。

因为分享在一定程度上也可以称之为倾诉，你倾诉了，内心便不会有郁积；你的心是清爽的，自然能得到轻松的心境。

如果你不能使别人快乐，
你自己也不会快乐

以色列的太巴列湖和死海的水，都是从哈蒙山上黎巴雪松的根部流下来的，水质清澈洁净。

太巴列湖因为拥有一个出水口，所以它的水质能够

保持活力。水从出水口流走，灌溉约旦平原；水是活水，太巴列湖的风景秀丽迷人。

死海则不一样，虽然它的水质和湖水一样，但它没有出水口，它不付出只是保留，所以它是不折不扣的死水一潭。

这就是分享者和不善于分享者质的不同。

虽然所有人都想让生活充满欢乐和祝福，但只有一部分人在时刻准备着给予他人，就如同太巴列湖一样；而另一些人则只知道获取，如同死海。

如果你想用爱或其他有价值的事物充实你的人生，请学会付出和分享吧。

付出和回报是一体的两面。如果你想要更多的爱、乐趣、尊重、成功，方法很简单：付出。

如果你不能使别人快乐，你自己也不会快乐。

一旦你勇敢地去发展与他人分享的这种能力，你就会发现生活的伟大内涵——最值得你拥有的财富是那些经过分享而不减少的东西，是那些越分享、越加倍的东西；最不值得你拥有的，是那些一经分享就消散的东西。

当你把自己的快乐与别人分享时，你不仅仅收获了更大的快乐，也使世界多了一份快乐。

与家人分享快乐更是一种幸福，也是一种责任。

记得我第一次在报纸上发表文章后，便立即打电话给家里，母亲接到电话后喜悦地说："真好，你等着，我告诉你爸去。"听到他们快乐地给予我赞扬和鼓励，我觉得当时的我就是世界上最快乐的人。

每个人都有责任把自己的快乐与家人分享。

与朋友分享快乐是一种倾诉，更是一种财富。

前段时间我在我的QQ签名上这样写道："那个在你最无助、最困惑、最黑暗的时候只想陪你坐坐的人就是真正的朋友。"

是啊，与朋友分享快乐或倾诉忧伤，会让快乐更加快乐、让忧伤不再忧伤。

朋友有很多种，有谈心的挚友，也有酒肉朋友，但能和你长久地走下去的是那些能与你共苦和同甘的人，他们就是你人生中的一笔财富。

与陌生人分享快乐，是一种善待，更是一种信任。

与陌生人分享快乐，不一定要对坐谈心，也许只需要一个微笑。对陌生人微笑就是一种信任，也是一种鼓励，让快乐弥漫在世界的每个角落。诚所谓：你若光明，世界就不黑暗。

婚后不必“花容失色”，不做“黄脸婆”

世上没有丑女人，只有懒女人。

——徐熙媛

男人不需要也不喜欢蓬头垢面的女人

对于女人来说，或许最怕的就是“黄脸婆”三个字和自己沾上边。

黄脸婆，一个“黄”字勾得人精神气全无。

有一次遇到了初中时的一个同学，那个在我印象中挺美丽的一个女子如今看上去皮肤暗黄，身材亦臃肿不堪，不由得感慨岁月的无情。

岁月真的如刀，刀刀催人老。

“唉，我都成黄脸婆了。”她大概从我的眼中读出了惊讶，便自我解嘲道。

听她从口中幽幽地说出这样的话，我惊觉原来“黄脸婆”这个称谓竟可以如此轻易地降临到一个刚刚年过三十岁的女人身上。

若如实地说，她不仅仅脸色暗黄、气色差，其实整个人看上去都好像是刚从卧室中走出来，随意得近乎邋遢。

这样不讲究不修边幅，叫人看着实在没办法心生欢喜。

莫非她认为，自己这样一副任劳任怨、只问付出不计回报的模样就可赢得丈夫的欢心，甚至会博得丈夫的怜惜之心？

错了。

男人真不需要也不喜欢蓬头垢面的女人，哪怕女人变成“黄脸婆”纯粹是因为他和他们的家。他可不管那么多！他需要他的女人下得厨房更能带得出厅堂。

你可以晃晕别人的眼，但不要入不了眼

“贤妻良母”这四个字，千百年来的女人都将其视为世界对自己的最大肯定。

大抵也是为了让世俗肯定自己，不少女人一直都埋藏着自我诉求，装出无欲无求的样子来，不断地付出，付出，再付出，只是为了让自己看起来更加贤良淑德。由此来看，“贤妻良母”四个字倒成了一种伤害。

柴米油盐酱醋茶，老人、丈夫、孩子，事无巨细，都要

女人经手。女人奉献着，操劳着，直到女人的付出成为习惯，直到蓬头垢面沦为“黄脸婆”，女人才想起要照照镜子。韶华已逝，皱纹已密密麻麻，缺乏保养的肌肤已看不出昔日的灵动风采。女人愕然，难道镜子里的那个人真的是自己吗？

更加糟糕的是，男人不爱“黄脸婆”，在外有了新欢，甚至说出离婚的话，或干脆利落地做了离婚的事。此时，女人痛苦、绝望、声嘶力竭地讨伐：为什么自己勤勤俭俭劳心劳力，为了这个家付出了所有精力，却得不到应有的恩爱？

其实，女人忽视了一个问题：男女是不一样的。

男人天生有征服的欲望，当女人在他眼里失去了所有的光芒和吸引力，女人就注定要被替代。

男人这种面子动物，视面子比生命都重要。他们希望自己的妻子貌美如花，而不是泯然众人，老土又老气。从某种程度上说，他们愿意自己的妻子明艳照人，晃晕了别人的眼，而不是入不了别人的眼。

虽然很多男人并未给妻子提供保持貌美如花的物质基础，但他们不管那些，他们就是既要女人为家务操劳又要女人貌美如花。你说他们自私也好，偏执也罢，他们就是这样一种动物。

婚姻生活不是炮制“黄脸婆”的工厂

男人好面子，不喜欢“黄脸婆”。其实，女人更爱面子，没有哪个女人愿意做“黄脸婆”。

婚姻生活真的是炮制“黄脸婆”的工厂吗？未必。

在婚前，哪个女子不爱面子，哪个不是花枝招展的？那时候，她们一颦一笑皆动人。是从什么时候开始，有些女人竟就忘记了自我的存在？是从嫁为人妇后开始的吗？以为自己为人妻了，就再也不必在乎形象，只要在乎丈夫在乎孩子在乎家庭就够了？殊不知，正是基于这种心理，有些女人才逐渐从美丽迷人沦落到“黄脸婆”一族行列的。

无论是什么时候，无论身份如何转变，女人都不应当忽视对自己的扮靓。尤其是婚后，更不可“大意失荆州”摇身一变“黄脸婆”。

身为女人，除了爱丈夫爱孩子爱家庭之外，还要留一些空间来爱自己。

爱自己就是要“内外兼修”，既要注重自己的外在形象，也要注意自己的内在修养。

首先，女人不要忘记扮靓自己，一定要在穿衣打扮上花点心思。

世上没有丑女人，只有懒女人。要记得化妆，别偷懒。别说什么为了省钱就免去了化妆品。钱，挣来就是为了花出去的。

有句话说，“男人负责赚钱养家，女人负责貌美如花”。当今时代，负责赚钱养家的不只有男人，还有女人。男女同工，女人更不可省胭脂钱了，该买的衣服就要去买。你妆扮得美美的，工作心情更畅快，事业更好，收入也会更丰厚。

其次是要学会充实自己，“腹有诗书气自华”。

女人的美丽，靠脂粉靠漂亮的衣服，更要靠强大内心而流溢出来的优雅气质。

一个蕙心兰质、口吐莲花的女子，一个才思敏捷、才华横溢的女子，一个充满着书香气息富有内涵的女子，无论时光在她身上留下怎样鲜明的痕迹，不变的仍是她的优雅。

优雅、娴静、大度、睿智，这样的女人最美。时光是摧毁不了的。

如果说心灵也需要呼吸，那么爱就是心灵的空气。

女人要有一颗充满爱意的心。

内心有着满满的爱，生活自然会充满欢乐。爱父母，爱丈夫，爱孩子，爱朋友，爱同事，更要爱自己。

一个心中充满爱的女人，会在一菜一蔬中感受到喜悦、在一花一草中感受到美好。

心情是女人最好的化妆师。

心情愉悦就会容光焕发。

当来自社会的、家庭的、工作的压力袭来时，要学会给自己解压。倾诉对女人来说是解压的好方法，所以女人不妨“自私”些，给自己准备几个“情绪垃圾桶”，也就是闺蜜。同闺蜜的一番倾诉，会化解万千烦忧。当然，闺蜜做你的“情绪垃圾桶”，来而不往非礼也，你也要做闺蜜的“情绪垃圾桶”。

其实，婚后的女人，有着岁月赠与你的成熟和优雅，有着经历沉淀给你的练达和沉稳，身体和心智都正处于人生的黄金时期，那种举手投足间的自信，那种不经意间展露的风情，那种一笑一颦中的妩媚，岂是那些青涩女孩所能比的？

你是女人花，你要优雅地绽放。

黄脸婆，做不得。

到了什么样的年龄，就做什么样的事情

到了后来，才知道，人最要紧是快乐。当你不再是21岁时，你所做的每一件事都必须值得纪念和欢庆，还有，去享受它。

——张曼玉

18岁至28岁的女人这样做

智慧的女人都知道，人到了什么年龄就做什么事。所谓“规划人生”就是这个意思。

那么，什么样的年龄该做什么样的事呢？

你在做着属于你的年龄应该做的事吗？

如果你的年龄在18岁至28岁之间，那么请你多读书、多思考。其好处到你25岁以后会逐渐显现。知识才能改变命运,而老公只能改变你的生活;你可以是知识的主人,但你只是老公的配偶。

每天把自己打扮得漂亮可爱一点,投入地爱一次。大多数女人都需要刻骨铭心的爱，这样可以尽早出现情感免疫,也可以为未来的日子留出更多理性的空间。

如果你不打算“丁克”,条件又允许的话,趁着父母还可以做兼职保姆,抓紧时间生个宝宝吧,这种结果对于一个重视正常流水线生活的女人来讲是很有必要的。

28岁至38岁的女人这样做

不要忘了抽空多读书。时尚杂志的数量最好不要超过40%,因为你已经不是个女孩子了,尽管你十分不情愿承认这个事实。但你还可以买毛绒玩具。

能不错过婚姻,还是不要错过。当然,一旦错过了,千万不要将就,找错伴侣给你和他带来的伤害,可能比不结婚还要大得多。

如果你决定和你爱的人结婚,那么就要学着融入“妻子”这个角色,做个又独立又温柔的妻子。

如果尚未找到结婚的伴侣,那么,只要你知道自己在做什么,并能为自己负责,就可以了。

要有几个闺蜜和蓝颜知己。闺蜜可以让你了解、放松自己,蓝颜知己有助于你了解男人及这个社会。但是,请不要和你的蓝颜知己玩暧昧。

过了28岁以后,要全力以赴自己的事业。这时候的你是最累的,既要是个好妻子,还要是个好员工。当然,也不是每个女人都要有强烈的事业心，但至少你不要窝在家里做家庭煮妇，把自己熬成和社会脱节的“黄脸婆”。

热爱你的工作，不过最好别爱上你的老板。

有机会不妨出国旅旅游，那样既愉悦了身心又增长了见识。好心情是自己创造的。

再强调一次：一定要做一个经济独立、思想独立的女人。

38岁以后的女人这样做

无论如何你都找不回从前的青春感受了，看到周围的年轻姑娘，可能你的心里只有两个字：羡慕。

但也实在不必羡慕。你也年轻过，而她们没有老过。

到了你这个年龄，气质变得最为重要。

气质是装不出来的。

气质离不开内涵。感谢你曾经读过的书和走过的路、爱过的人，感谢你所有的生活经历，你优雅的气质是它们所赐予的。从现在开始，你更要好好读书、好好生活、好好去爱，好好享受你所经历的每一个瞬间。

38岁以后的女人要有自己的事业。这个事业不一定是开公司或是经商，有自己的公司和生意当然更好，如果没有，你要找到能让你生活充实的可持续去做的健康的事情。

要学会有所为有所不为。

人生在世，如果计较的东西太多，样样都不肯放手，那就会如牛重负，活得很累；反之，什么都不计较，什么都马马虎虎，什么都可以凑合，那也未免太对不起自己，活得没啥意思。有生活智慧的人，会有所为有所不为，只计较对自己最重要的东西，并且知道什么年龄该计较什么、不该计较什么，有取有舍，收放自如。

一个人到了什么样的年龄，就该做什么样的事情。

这个年龄，你也终于可以比较放松和安全地处理两性关系了，因为性别特征已越来越不明显，况且臭鸡蛋对你的关注力也下降了，除非你是公众人物。

而如果没结婚，还可以来一次恋爱。

有委屈别沉默，跟疯狂的拳头说再见

无论是国王还是农夫，家庭和睦是最幸福的。

——歌德

他有没有对你挥动他该死的拳脚

你爱他，不管在别人眼中他有多少缺点，你却赞美他的好，又义无反顾地同他结婚；

你从不想着如何改变他，给予他充分的自由空间，无论他贫穷富有，你对他的爱都不变不移；

你从未拿孩子或性事或其他的任何事物要挟过他，你运用自己的智慧使自己灵性其内、弹性其外，用心经营着你们的婚姻；

人前人后你都会照顾他的面子，不给他任何压力，你上得厅堂下得厨房；

你还认真学习理财知识，打理你们用辛勤的汗水换来的财产，使你们的生活有声有色有滋有味而又有情调……

你付出如此多，为他，为你们的家，可他都给了你什么呢？

他可有挥动拳脚对你使用过家庭暴力？

如果从来没有，那还好，这个男人你没有看走眼，你所有的付出都值得。

若是家庭暴力竟在你身上发生，那真糟糕，这个男人更糟糕。

没人能够否认，有不少女人正活在家庭暴力的阴影中。

我国素有“男尊女卑”的传统思想，这是女性遭遇家庭暴力的主要原因之一。

另一个原因，从社会角度来看，女性的地位存在着事实上的不平等，劳动社会化程度不高，生育的风险还基本上由女性自身承担，由于诸多因素影响，使女性处于失业率高、再就业难的境地。与男性相比，女性仍属于低收入群体。

在农村，特别是边远贫困地区，大部分女性还没有独立的经济来源和家庭经济的支配权，这就造成了其在经济上过于依赖丈夫，常因向丈夫索要生活费而遭到家庭暴力。

家庭暴力严重侵害了女性的人格尊严和身心健康，

也不利于家庭中孩子的正常生活、成长，同时也给社会带来了不稳定因素。

他敢玩家庭暴力，
你就让他失去你这个老婆

一个网友向我咨询过情感方面的问题。

她是某高校教师，她的丈夫也是高校教师，这样高学历的家庭从某种意义上来说不应当出现家庭暴力。但她在生活里却忍受着无数次的打骂。

她对我说："有一次，我丈夫说好了中午不回来吃饭，我也就没怎么准备中午饭，就给自己煮了点粥喝。当我还没吃完的时候，我丈夫回家了。非得要吃米饭，没办法，我只得起身去做，也就在这时，他给了我一个响亮的耳光！"

那是他第一次打她。有一有二，之后又有了无数次。

做心理咨询，尤其是面对男女情感问题，我多是劝和不劝分。但是，面对家庭暴力问题，我的态度却很坚决——如果他敢玩家庭暴力，第一次，他第一次动拳脚的时候，就要让他知道后果很严重。

他敢玩家庭暴力，你就让他失去你这个老婆。

对那些经历过家庭暴力或者是一直都在承受家庭暴力的女人，我所能给的建议就是离开，要很坚定地离开。

哪怕仅仅是为了孩子的健康成长，女人也绝不能容忍家庭暴力。

在有家庭暴力的环境下生活，会让孩子产生恐惧或者产生暴力倾向，这对孩子的成长有着无法忽视的恶劣影响。

再则，容忍这一次暴力就等于助长了他下一次暴力的施行。

面对家庭暴力，除了决绝地离开那个暴力男人外，还有其他好的解决办法吗？

女人莫非要一辈子辛勤操劳却又忍受打骂？不要，不能。要坚决地离开暴力男！

一言不合就动手打老婆，那才叫偏激呢

曾有人当面责问我，为何处理家庭暴力一定要鼓励用“离婚”这种“偏激”的方法？

偏激吗？

一言不合就动手打老婆，那才叫偏激呢！

他第一次动拳脚，你不让他晓得厉害，他就会有第二次，以及后来的很多次。

最应该反省的是家庭暴力男。他真觉得自己很能耐吗？那就出去好好工作，把事业做大，挣很多钱回来，窝在家里对一个女人动手算哪门子男人？

对于那些向我咨询如何解决家庭暴力问题的女人，我也曾告诉过她们一些消除家庭暴力的“软办法”。

什么软办法？

女人在面对家庭暴力这个问题上，不能有“家丑不可外扬”的思想，不要把任何痛苦都藏起来独自承受。

在家庭中遭受了暴力，可以先找知心朋友说一说，或请亲戚朋友帮忙劝告。如果还不能改变自己在家中的处境，那就要记得用法律武器保护自己了。

要学会使用法律武器。

比如说被打伤后去医院拍的 X 光片、伤残证明，甚至包括产生的医药费发票等，这些必要的证据，要保存起来。倘若事态真的严重到了对簿公堂时，那么一切靠事实说话吧。

保留必要的受暴证据，对于维护自己的利益是非常重要的。

就算那个蠢汉第一次动拳脚可以给予宽恕，但也绝不能容忍第二次。不能有第二次。

当第二次家庭暴力发生后，这一回，没二话，离婚吧，法庭上见吧。

女人要勇敢一点，决绝一点！

女人可以容忍男人贫穷，粗茶淡饭布衣蔬食，但万万不可容忍家庭暴力。

在一起不快乐，就不要在一起了

家庭暴力，不仅仅只有拳脚下的伤害，还有一些不动拳脚同样很伤人的“冷暴力”。

CCTV 曾做过一个关于城市家庭婚姻遭遇“冷暴力”的问卷调查。著名心理学家刘博士历时 16 个月，足迹遍及北京、天津、武汉、长沙四大城市，进入到 2000 多个家庭走访，调查发现，有 93%的家庭对自己的婚姻质量不满意，70%以上的家庭都有过或正处于不同程度的“冷暴力”中。而“冷暴力”出现频率最高的家庭，是受过良好教育且有一定社会地位的知识分子家庭。

婚姻像一条河，有平静，有波涛，也有暗流。夫妻“冷暴力”就是婚姻河里的一条暗流。

“冷暴力”作为一种隐性的暴力形式，给受暴者带来的伤害并不输于显性暴力。

那么，有没有预防或解决夫妻“冷暴力”的软办法？

首先，婚姻的和谐美满需要夫妻双方在生活中相互让步，共同努力。

本应温馨和睦的空间被“冷暴力”所侵蚀，当生活出现不和谐的音符时，夫妻双方应当正视问题、敞开心扉，以相互都能接受的轻松话题来交流，进行推心置腹的沟通，让彼此在对方那里感受到安慰、感受到鼓励，以提高婚姻的质量。

多交心，这很重要。有时候因为一些误会，彼此不理对方，于是“冷暴力”在不知不觉中就开始了，但如果彼此都把自己的想法坦诚地讲出来，事情也许会有转机。

其次，分开一段时间又何妨？

当审美疲劳出现的时候，两人分开一段时间不失为一种好办法。在一起感觉不到的好处，分开以后就知道了，就明白彼此是分不开的。

如果将能想到的办法都尝试一番后，还是不能解决问题，那就只有一条路了：各走各路，离婚。

在一起不快乐、不幸福，还在一起做什么呢？

人生不过几十年，哪里快活去哪里。

千万别守着陈腐愚昧的“委曲求全”的老观念。

一旦你认定与对方和好无望，无法再维持婚姻，那就要勇敢地做出决定。

有委屈别沉默，跟疯狂的拳头说再见吧。

与其维持一个没有爱的家庭空壳，倒不如解放自己，也解放对方，各奔东西，各自扬各自的生活风帆。

离婚，这颗果子会有点苦，但也总比在家庭暴力的阴影下疼一辈子、苦一辈子要好很多。

不是让你取悦男人，是请你学会经营婚姻

在幸福的婚姻中，每个人应尊重对方的趣味与爱好。以为两个人可有同样的思想，同样的判断，同样的欲愿，是最荒唐的念头。

——摩路瓦

去爱，去经营你们的爱

有句众所周知的俗话是这样说的："男人征服世界，女人征服男人。"

细细琢磨，这句话很好地道出了男人女人的生物性、社会差异、特点及对立统一的辩证关系，风趣而深沉。男人是力量权威的象征，却需要柔弱贤惠女人的管理，这无可非议地定位了女人在家庭中不可轻视的

地位及其作用。

但是女人呢，若对丈夫一味真诚朴实地去疼爱呵护，日子一久反而收获了满肚子的怨恨。感觉到“妻子”和“家”在丈夫心里的分量日益减轻，甚至会对其责任感产生质疑。

其实，男人天生会对家庭和女人有一种尽义务的责任感。男人是否尽责，关键要看妻子是否真的懂得如何“征服”丈夫。

男人在心理上真正最需要得到妻子所给予的是：信任、认可、接受、赞美、感激和鼓励。

如果妻子会根据丈夫的需要去爱，并驾驭爱，丈夫便会义无反顾地为家庭和妻子付出一切。反之，他将会表现得像个无赖，此时的婚姻质量会大打折扣。

在有关家庭和自己女人的事情上，男人都喜欢听到类似于艾森豪威尔夫人那样的回答：“生命带给女人的最伟大生涯，就是做个妻子。”

这叫取悦男人吗？不是。

这叫经营婚姻。

要经营，策略不可少，而“知己知彼”应是首当其冲的了。

他要做英雄，请给他力量

自古以来，男人就认为自己是力量的象征，尤其是在自己家中，男人认为他就是擎天柱。那么，爱他，就当他是英雄。当男人感受到他是女人心目中的英雄时，他的力量就会迅速增长。

如何给予丈夫力量呢?

切忌想当然地改变他。

尊重他的想法与感受,不求全责备,尽量不教训修正。即使想帮他在某个方面获得长进,也不可大张旗鼓地冒然采取你认为是对的措施。这种做法是在不自觉地削弱男人的力量,会加大"较劲"的反作用力。不如点到为止,耐心等待时机。因为只有他内心想改变,才是根本动力,也才是最大的动力。

任何社交场合,为了社交的需要,请给足丈夫面子。

还有,诚心的适时的"信任、认可、接受、赞美、感激、鼓励",可使丈夫获得最大的心理满足。

给他最大的动力,让他成为真正的自我,他会回馈妻子全身心的爱和呵护。

别拿他和别的男人比较

男人认为自己是力量的象征,是他心爱女人的英雄,那么,在他看来,妻子拿他与别的男人比较是对他的严重背叛。

他不可能善意地理解女人的初衷和愿望,他只会主观地认为妻子是在挑剔他、挑衅他。

他甚至还会绝情地想到:如果你不满意,为什么你还不马上离开?

所以,作为妻子,切记不可对丈夫说:"你看那谁谁谁如何如何,同为男人,为什么人家能行你就不能!"诸如此类的话是很大的禁忌。

甭管女人怎样认为,反正男人自个儿认为他就是力量和权威的象征。这一点表现在家务事处理上，就是：不许外人干涉内政。

家中的是是非非，原本就是说不清道不明的事情，如果妻子轻易搬出外援，对男人的权威、尊严将是最大的蔑视。再加上外界的风言风语，男人的自尊心一定会彻底崩溃。到了那个时候，即使男人有心和解，也是骑虎难下。

假如妻子真的希望解决问题，唯一的选择就是关起门来，勿扩大事态，两人慢慢沟通，化解隔膜。

有灵性又有弹性地经营你的婚姻

生活中的妻子经常会抱怨丈夫家里家外判若两人。“为什么他对外人总是那么彬彬有礼，对我却像个暴君？”

其实妻子大可不必为此而忧心忡忡。

因为礼貌一般都只是社交的需要，夫妻之间有时要随意一点。这才叫内外有别。

若一个男人对妻子表现得十分礼貌，有可能是他对妻子丧失了爱意，或者他做了对不起她的事情。

男人仅仅是家里家外判若两人吗？不，在生活中，他的情感还有着“橡皮筋”似的规律，即“亲近 - 疏远 - 亲近”。

男人遇到压力或懊恼倦怠时，会以临时出逃的形式躲进“洞穴”去排解，独善其身。当压力释放后他会重新回来，回来后感情会更加亲近。

有时妻子过度的亲近也会使丈夫产生想逃避的想法，这是心理学角度近而远之的现象。从某种程度上看，丈夫和妻子太过亲近，会让丈夫感觉失去了“自我意识”。

那么，给他充分的心理调整空间，让他安静地潜入“洞穴”梳理整合，相信他安顿情绪和解决问题的能力吧。当他调整好自己，积蓄好能量，回归后会对妻子疼爱有加。

在婚姻生活中，一个智慧的女人应该是充满了弹性和灵性的。

有弹性的女人，性格柔韧，伸缩自如，善于妥协，也善于巧妙地坚持。不固执己见，又有一种主见。

灵性是心灵的理解力，有灵性的女人天生慧质，善解人意，善悟事物的真谛。她清醇而深刻，会让人感到双倍的韵味。

灵性其内，弹性其外，其智慧为一种大器，大家风度，这些恰恰是使婚姻保鲜的先决条件。

好的婚姻关系，彼此既非僵硬地占有，也非软弱地依附，相爱的人给对方最好的礼物是自由和尊重其人格上的独立。

两个自由人之间的爱，拥有必要的张力，牢固而不板结，缠绵而不黏滞，有距离而不令人窒息。

婚姻是人生中走得最长的一条路，家是生命的栖息地、心灵的养生堂。没有女人的地方不可称作家，因而妻子的角色尤为重要。

做个好妻子，是做开明睿智的妻子，而决不是做一个软弱、糊涂的小女人。

只有男人和女人相互支持，相互给予对方最需要的尊重、欣赏、爱和自由，婚姻才会生长出最真实、最深沉的情感关系来，两人才会共同成长，走向真正的融洽、圆满。

当然,这不是在教你如何去取悦男人,只是想让你知道,婚姻是需要耐心经营的。你的婚姻美满,你的幸福感自然会增强。

你通过一些有益而又有效的方法去改善婚姻关系、提升幸福感,这也是你爱自己的一种表现。

Part 5

每一天，遇见更好的自己

不要用一生的光阴，寻求他人期望的成功

不要太在意别人怎么看，或者别人怎么想；别人如何衡量你，也全在于你自己如何衡量自己。谁怕死，谁就已经不再活着。

——左伊默

你为自己活着，你才知道自己要什么

幸福的基础是，你自信自爱又智慧。

道理说着简单，但若要做到、做好却真不简单，需要一番自我磨练或者说是修行。

有句话说："活着是一种修行。"诚然如此。

说到活着，那么，请问：你为谁活着？或

者说,你是为了什么而活着?

是为了别人的眼光或说法?

你总是担心别人会用怎样的眼光打量你，所以你凡事小心翼翼束手束脚,结果活得很疲惫?

当别人对你说几句诸如“你很糟糕”之类的丑话时,你会不会垂头丧气一整天,甚至是好多天?

在我小时候,我们家种了几盆昙花。在花开的季节,我和爷爷一起等待昙花开放。等待中,我问爷爷:“爷爷,昙花开放的时间这么短,为什么还选择在晚上开放?白天开不是会有更多的人看到吗?”爷爷说:“孩子,花儿是为它自己而开放，它可不在乎自己开放时是否有人看到。做人也该这样,要为自己活着,别在乎别人怎么看我们。”

那时的我还很年幼，并不懂得爷爷为什么回答一个简单的问题却说了那么深奥的话,但是,从那时起我便牢牢记住了那句话——为自己活着。

经常听到有人说:“活着真累！”工作谋生累,居家理财累,教育子女累,人际交往更累,可以说是身心俱疲。这种累其实与人们对功名利禄看似狂热却有些许无奈的追求密不可分。

人总是渴望别人的仰望和追捧，想方设法显示着自己的重要——高谈阔论,高声喧哗,故作高深……这些做作的举动背后势必深藏着貌似强大的虚弱和勉力为之的疲倦。如此一来,怎会不累?

人是社会的个体。为出人头地、赢得鲜花和掌声而活,无可厚非。但如果为了身外之物而丧失自我,将自己的一切完全束缚在他人的看法之上，那便背离了生存的意义，就是人生的悲哀了。

如果你觉得“活着真累”，也许你应当问问自己：我为什么活着？我为谁活着？为名，为利，为他人的赞许？

尤其是女人，她们一辈子似乎有太多时光都在为他人活着，比如说为丈夫、为孩子，为这个、为那个，只是独独忘了为自己。

人，最重要的是为自己活着。

你为自己活着，你才能清楚地知道自己要什么。

为自己活着的人，胸有主见，不随波逐流，认定的事情会坚持到底，不会半途而废，这样的人不但活出了自己的本色，而且往往会得到幸运之神的青睐。

人云亦云，把自己的一切都置于别人的议论中，往往只会亦步亦趋，重复着别人说过的话，走着别人走过的路，没有任何特点可言，淹没在芸芸众生中，无声无息。

为自己活着，就是自爱。

要知道对自己而言什么才是最重要的，什么是可有可无的，什么是要抵制和远离的。

作家毕淑敏有一句话，很富有哲理性：“生命是为自己而存在，它是一种朴素而自然的事情，不是在众人之前的杂耍。”

说得多好，人是为自己而存在，朴素而自然，不是在众人之前的杂耍。

随心而动，守住自己的底线和标准，坚持自己的信仰和方向，勇往直前，风雨兼程。这样的人生本身就是一道风景线。

你就是自己的上帝

一个穷人不小心碰碎了农场主一只十分珍贵的花瓶,去向神父讨主意。神父建议他去学粘花瓶的技术,将花瓶粘得完好如初还给农场主。

“哪里会有这种神奇的技术, 将破花瓶粘得完好如初? 这是不可能的。”

“这样吧,教堂后面有个石壁,上帝就待在那里,只要你对着石壁大声说出自己的愿望,上帝就会答应你。”

于是,穷人来到石壁前,大声说:“上帝,请您帮助我,只要您帮助我,我相信我能将花瓶粘好。”

话音刚落,上帝回答了他:“能将花瓶粘好,能将花瓶粘好……”

穷人听后信心百倍, 辞别神父, 去学粘花瓶的技术了。

一年以后,这个穷人通过认真学习和不懈努力,终于掌握了一流技术, 将破花瓶粘得天衣无缝地还给了农场主。

他想感谢上帝。神父将他领到那个石壁前,笑着说:“其实根本没有上帝,这只是块回音壁,你所听到的上帝的声音其实就是你自己的声音,你就是你自己的上帝。”

每个人都有一个上帝,那就是自己。靠天靠地,不如靠自己。

你为自己活着,相信自己就是自己的上帝,做你自己最喜欢的事,就能爆发出无穷的热情,个人的潜能就能最大限度地得到发挥,成功的把握就会更大。

退一步说，做自己喜欢的事，即使遭受挫折，即使失败，自己也无怨无悔，因为奋斗过了，而奋斗本身已经体现出了人生的价值。

人活的是一种心情。心情舒畅，即使吃糠咽菜也能甘之如饴。而心情不好，即使锦衣玉食，也是食不知味。

生活其实就是一种自我认同感

为自己活着，就是要自己寻找快乐。

开心是一生，不开心还是一生，为什么不笑对生活？福兮祸之所伏，祸兮福之所倚。事物都有两面性，遇到不顺心事时不妨换个角度去看，常常会豁然开朗。山重水复疑无路，柳暗花明又一村。

有人说："你不能改变天气，但你可以改变心情；你不能改变容貌，但你可以选择表情；你不能支配他人，但你可以控制自己；你不能预支明天，但你必须用好今天；你不能件件成功，但你可以事事尽心。为人处事，要如水：遇山水转，遇岸水转，遇石水转；倘若他人不转，我转。"

是的，天气你不能改变，你也不能支配他人，既然是无法左右的那还管它做什么呢？别人的看法或说法也一样，你实在没有必要计较，你只需要走好自己的路，别人爱怎么说怎么看都随他去吧。

生活，其实就是一种自我认同感。

你是怎样的，不需他人说，只要你觉得自己是舒适的，你觉得自己是成功的或很有进步，这就好了。

自我认同是能够理智地看待并且接受自己以及外界，能够精力充沛，热爱生活，不会沉浸在悲叹、抱怨或悔恨之中，而且奋发向上，积极而独立。

自我认识是实现个人理想的基础，而有悖于自我认识的他人期望则是扰乱心智的谎言。

正确的自我认识，使你不再依附于他人，更使你坚定了信念，做出最适于自己的行动。

你要清楚：每个人的一生其实都很短暂，长也不过百年，你不要用一生的光阴去寻求他人期望的成功。

你认为自己是成功的，你无愧己心，这就好了。

没有什么会比这更加重要。

你必须扔掉一些东西
才能得到另一些东西

所有的选择都可分为三种。第一是你可以直接控制的问题，第二是你可以间接影响决定的，第三是无能为力的问题。对无能为力的问题，不要浪费时间，专注于自己能够影响的事情上吧。有句谚语说："虽然我们不可以改变风，但我们可以改变船帆。"

——李开复

懂得拥有，也得学会放弃

每个人的人生路都不可能一直事事顺利。

在有些不得已的时候，人只有舍去一些东西才能得到另一些东西。或者说，一个人，每当得到一些东西的时候，就必须舍去另一些东西。

有这样一个故事：

从前，在一个村庄里，有三个要好的朋友，一个是很有钱的，一个是很爱读书的，另一个是为人所知的学者。

一天，他们出海远航，想到另一个地方去闯闯。他们坐在一个不大不小的小船里，有钱人带了一大笔金银珠宝，以便到了目的地可以更好地开始；读书人带了一大捆书，为了在船上不寂寞，而那个学者却什么也没带。

路上，正巧碰上了暴风雨，船主要求他们把东西扔掉点，以便更好地航行。有钱人不舍得自己的金银财宝，就教唆读书人把书都扔了，而读书人也不舍得自己的书，就要求有钱人把财宝扔了。

学者见状，对他俩说："有钱人，你要想想，当初你是怎么白手起家的，为什么不把财物扔了，保全性命之后，也可以从头开始。况且，这只是你财物的一部分，不是吗？读书人，你读了那么多书籍，你书中的内容都在你的脑海里，那些书有什么可在乎的？知识都已经在你的肚子里了。"

有钱人听后，把财物都扔了。读书人也一样。

他们顺利地到达了彼岸，正如那个学者说的，有钱人一样白手起家，而读书人则当上了私塾先生。

是的，到了需要放弃的时候，请一定要拿得起、放得下。

拿得起放不下的人会活得很痛苦很累，拿得起放得下的人才会活得充实而又轻松。

有弃有取，有失有得。你必须扔掉一些东西才能得到另一些东西。人生的负重太多，你会承受不起，太贪心了反而会落个两手空空。

越早经历失败，你会越早懂得如何生活

一间房子，太满了，你想放一些新的东西，就必须清除一些旧东西、这个道理，每个女人都懂。因为做家务的时候，常常会要做一些选择，比如扔掉什么、留下什么。

扔掉，正所谓“旧的不去新的不来”。

当新的机会摆在面前时，敢于放弃已获得的，这不是功亏一篑，也不是半途而废，而是为了谋求更大的发展空间。

有些挫折，或者说有些不好的事情发生，在年轻的时候实在不必顾虑。

比如说失业。你害怕失业吗？其实不必害怕。

当然，尝到失业的滋味或许算得上是一件不幸的事，但却不一定是坏事，因为年轻。

若一个人在很年轻的时候就过早地固定在一个职业上终此一生，也许才是最大的不幸。

失业也许会让你想起尘封的梦想，也许会唤醒连你自己都从未知道的潜能。也许你本来就没什么梦想，这时候也会逼着你去做梦。而说不定，借着这个契机，梦想便成真了呢。

因为年轻，也不必在乎某一次失恋。

爱情，谁都想自己的爱情一次就修得正果，可是，谁能真的做到一次就爱对了呢？在年轻的时候经历失恋，不是什么坏事。这次失恋会教会你如何用正确的姿态面对

下一次的爱情。失恋是一种成长，让你在后来的人生道路上更有能力也更有资格去谈论爱情并经历爱情，当然，最后你会拥有你想要的爱情。

倘若过久地沉溺在已经干涸的爱河的河床中，只会让你错过更多更重要的事，甚至你会错过一个最对的爱人。

如果并不曾经历失恋，第一次恋爱竟就和所爱的人结婚了，这是幸运的。但没谁能料到突然会有什么事情发生。或许婚后不久，你和婚姻对象发现原来彼此并不适合结婚，一番挣扎后，没能调解好，离婚了，这算得是不幸的事。

一个女性朋友，在 38 岁的时候和老公离婚了，离婚前，他们已在婚姻的城里冷战了 13 年。她说："他第一次提出离婚我没有同意，现在想来，如果那个时候早分手，我的生活绝不会是今天这个样子。现在再重新开始，总觉得一切都晚了。"

是的，不幸或许不是离婚，而是同一个不适合的人一直很别扭地凑合着维持名不副实的婚姻，等到实在维持不下去再去离婚才发现已经美人迟暮，那才是不幸的呢。

或许，有时不肯将自己从糟糕的环境里解放出来，只是担心别人会说三道四，认为自己无法承受，于是继续留在糟糕的环境里过着糟糕的生活。

别人的评价真的有那么重要吗？

你最不应该做出的牺牲就是因为别人的评价而改变自我，因为那些对你指手画脚的人他们自己很可能就是个糊涂虫。

读大学时，我的导师曾经跟我说过，一个人起码要在感情上失恋一次、在事业上失败一次、在选择上失误一次才能长大。失败来得越早，可能越好，要是三四十岁之后再经历失败，有些事很可能就来不及了。

人生在世，有很多东西你都可以不必去顾虑。

只要你心底觉得不舒服，你想挣脱，你就可以挣脱、抛开。你要始终记住：只有你丢掉一些东西，你才可以有空间或有力气去得到另一些东西。

学会取舍是很重要的一个本事。而沉溺在受挫后的阴影里，这是最不应该有的糟糕的本事。

上帝从不会给你太多的东西，你要学会平衡

谁不希望自己是个十足的幸运儿呢？然而上帝是公平的，上帝从不会给你太多的东西，总会让你的人生有所遗憾。

懂得宠爱自己，就要学会平衡，尤其是平衡工作和生活，这是最应当学会的本事。

单纯地生活，不学习不工作，那是不行的。而单纯地学习工作，忘了生活，同样不可行。

学习和工作能让人有一种安全感，但亲情、友情、爱情同样不可少。很多时候，并不是工作或学习绊住了你，而是你把工作或学习牢牢背在身上，一刻也不肯放下，同时背起的还有荣誉、地位、名利……

在你眼里，鲜花和掌声能让你的虚荣心得到极大的满足，但繁华过后你会得到什么？你一个人站在冷清的舞台上，没有观众没有掌声，那种无尽的凄凉你受得了吗？

转过身你会发现亲人也不会永远站在原地等你。他们终将老去，在你终于有时间陪在他们身边时，他们可能已不在了。与其事后懊悔，倒不如现在多陪陪他们。

人生莫测，世事无常，什么事都有可能发生，不要以为你有很多时间可以用来挥霍。

当然，我们需要金钱，但我们不必做金钱的奴隶。何况，人的欲望是无止境的。

你可以丢掉金钱、扔掉荣誉，但你不能丢了健康和诚信，这是你的安身立命之本。

没有了健康，所有的一切都是空谈。而诚信是做人的基本尺度，在关键时刻，你通过诚信累积起的人缘往往会助你一臂之力。

爱笑的女子，运气总不会太差

当脸上出现笑容的时候，我们的胃我们的肝我们的骨骼，都会感觉到我们的快乐，出现相应的笑容。就像我们在愤怒的时候，全身都燃烧火焰般的颤抖。所以我们要学会微笑，它是体内所有脏器的柔漫的舞蹈。

——毕淑敏

你的笑容能够照亮所有看到你的人

有人说，微笑，嘴角上扬，是女人最美的化妆品。

也有人说，女人出门时若忘了化妆，最好的补救方法便是亮出你的微笑。

真心的微笑会让一个女人魅力大增，这是因为微笑代表了一个人的许多优良品质，比如健康、自信、友好和接纳等内心情绪的流露。

迷人的微笑是女人健康生活态度的展示，能给人一种美的人格力量。

很难想象一个不热爱生活的人能够经常把微笑挂在脸上。

微笑也展示了女人自信的一面。

女人的自信来自于阅读、经历和思考，知识让你厚重，气质让你美丽，经历让你从容，而“腹有诗书气自华”，这一切都用微笑表达了出来。

微笑的女人懂得宽容。

她们总是有足够宽大的胸怀来容纳一切，在经历过理智的思考之后，她们从来不轻易放弃，但也不过分强求，因为她们懂得知足，知道取舍的智慧。这样的女人，无论是在生活中还是在工作中，美丽的微笑总是出现在脸上。

她们微笑着面对一切，从容地面对繁琐的工作，快乐地对待身边的人和事，平静地对待各种困难；她们对生活的期望永远不会太高，因而也就少有失望。

心中有爱，脸上就会绽放出笑容。培根说：“你的微笑是你好意的信差，你的笑容能够照亮所有看到它的人。”

人们通常会把微笑当成是友善的表达，而真诚微笑的人一定同时也有一颗善良的心。

微笑能够让人看到你的友爱之情。一个微笑能温暖失意的人，一个微笑能让眉头紧锁的人愁云散去，一个微笑能够拉近彼此间的距离，从而多一些愉快、安详与融洽。

有一句话说得极为精彩："微笑无需成本，却能创造出许多价值。"女人的微笑更是如此。因此，无论是作为妻子还是恋人，尽量使自己保持微笑吧，这样，你就是男人最爱的那个女人。

20 岁的女子在微笑中憧憬，30 岁在微笑中体验，40 岁在微笑中享受生活，没有什么好事情是不可以尝试的。美丽女人，就是从美丽微笑开始的。

微笑是你最动听的语言

如果你是个不善言辞的女人，那么请亮出你的微笑，这就是最动听的语言。

拿破仑·希尔曾这样总结过微笑的力量："真诚的微笑，其效用如同神奇的按钮，能立即接通他人友善的感情，因为它在告诉对方：我喜欢你，我愿意做你的朋友。同时也在说：我认为你也会喜欢我的。"

微笑是一个了不起的表情，无论是你的朋友，还是你的客户，甚或是陌生人，只要看到你的微笑，都不会拒绝你。微笑给这个生硬的世界带来了妩媚和温柔，也给人的心灵带来了阳光与感动。

有一位老太太年轻的时候就喜欢研究心理学，退休后就和丈夫商量着开了一家心理咨询所。没想到，生意异常红火，每天来此的人络绎不绝，预约的号甚至排到了几个月以后。有人问她，她如此受欢迎的原因是什么？

老太太说，其实很简单，他们夫妇的主要工作就是让每一位上门的咨询者经常操练一门功课：寻找微笑的理由。比如，下雨的时候，你收到家人发来的让你注意安全的短消息；比如，在平常的日子里，你收到了朋友发来的写满祝福和思念的电子邮件；比如，在电梯门将要合拢时，有人按住按钮等你赶到；比如，清洁工在离你几步远的地方停下扫帚，而没有让你奔跑着躲避灰尘；比如，有人称赞你的新发型；比如，雨夜回家时发现门外那盏坏了很久的路灯今天亮了……诸如此类的生活细节，都可以作为微笑的理由，因为这是生活送给你的礼物。

如果要寻找，几乎每天都能轻而易举地找到十来个微笑的理由，而爱微笑的人在生活里也都会有意想不到的收获。

美丽的笑容，犹如桃花初绽，涟漪乍起，给人以温馨甜美的感觉。

如果女子在各种场合能够恰如其分地微笑，就可以传递情感、沟通心灵，甚至征服对手。

一位业绩卓著的女推销员，她推销的成功率高得让人不敢想象。她的秘诀其实很简单：在她每次敲开陌生人的门之前都对着随身携带的镜子微笑，当她觉得自己的笑容足够真诚时，才带着这样的微笑去敲门，很多客户就是因为她的笑容而接受了她推销的产品。

微笑的力量非凡。它有助于缓解负面情绪，并有利于人们之间的交往。

微笑能够引发健康的情绪，减轻生活的紧张感与环境的束缚感，使你的生活变得快乐。

以某种程度上说，微笑可以衡量一个人对周围环境适应的尺度。

微笑似乎是上帝赋予人类的特权。丧失了什么也不要失去笑容，那是对自己、他人和这个世界的最美丽的祝福。

请给朋友一个理解的微笑，请给帮助你的人一个感激的微笑，请给那些不幸的弱者一个鼓励的微笑，请给下班归来的丈夫一个体贴的微笑。

微笑，不用太多的巧言，你就是最美的，最受欢迎的。

请别吝啬你的微笑

微笑被誉为“解语之花，忘忧之草”，真诚而自信的微笑就像平静的湖面上春风荡开的涟漪，一圈一圈感染着同时也美丽着湖水。

学会微笑，你的生活将会充满七彩阳光。

学会微笑，首先要自信。因为自信的笑才是最美丽的。自信对女人非常重要，相信自己能行，就会攻无不克。失去金钱的人失去很少，失去健康的人失去很多，失去自信的人将失去一切。

伟人毛泽东曾写下“自信人生二百年，会当击水三千里”的诗以明志。自信而不自负，知足而不满足，自尊而不自傲。相信自己不会比别人差，你就会笑容满面，你就会自信不倒。

学会微笑，要懂得宽容。宽容的女人不会歇斯底里，懂得转向，知性，理智。不轻易放弃，不过分强求，懂得有取有舍，要的是这份心态。

宽容的女人脸上会挂着微笑，她是美丽的，她的眼神也是温暖的，无论是在生活中还是工作中，柔美的微笑盛开在自信的脸庞上，是不可战胜的。

微笑,以一颗善良的心。

世界因有善良女人的支撑而流光溢彩，生活因有善良女人的爱心而花香果甜。

即使生活有一万个理由让你哭，你也要找出第一万零一个理由让自己笑——笑对困难，笑对生活，笑对一切。

别吝啬你的微笑，那是你在这个世界上最弥足珍贵的财富。

从现在起,微笑吧,给世界一个笑脸。

爱笑的女子,运气总不会太差。

前路漫漫，你需要有个好身体

健康是智慧的条件，是愉快的标志。

——爱默生

健康是福

爱自己，第一步就是热爱自己的身体。

所谓身体是革命的本钱，你得照顾好这个本钱。健康是福。

健康之首要，是好好睡觉。

美女是睡出来的。

虽说睡眠不足对身体有害，但睡眠过多也同样有害。

俗话说："抠成的疮，睡成的病。"睡眠过多，身体各样机能呆滞，久之必致病。可见，睡眠不可缺但也不可贪。

贪睡懒觉对身体健康极为不利。

早晨不要恋床不起。从生理上来看,肌体经过一夜的时间,基础代谢率处于最低水平;若早晨恋床,此时脑组织要消耗大量的氧、葡萄糖、氨基酸等大脑能源物质。这样会引起大脑营养不足、乏力、精神萎靡等,久之会使人懒散,产生惰性。

清晨赖床对呼吸系统也极为不利。由于夜间睡觉关闭门窗,早晨卧室内空气混浊,二氧化碳、一氧化碳、粉尘微粒等有害物质以及病原微生物的含量会增加。天亮后若继续贪睡,身体无疑会受污浊空气的影响,对感冒、咳嗽、支气管哮喘等呼吸系统疾患的发生起着推波助澜的作用。

贪睡还会影响到免疫功能。人体的免疫功能动则盛、惰则衰。即使是罹患某些疾病的人,勤于锻炼——尤其是晨练,亦可使免疫功能得到有效的调节与改善,进而有助于康复。而有睡懒觉习惯的人,肌体得不到锻炼,久而久之会使免疫功能下降。

女人千万不要让自己冷

那些年过百岁的养生达人们,绝对都有爱干净的习惯,喜欢清洁屋子,头发梳得整整齐齐,衣服换洗勤快。

想想看,一个浑身总是不那么干净的人,她的眼睛会不混浊么?她的思维不混浊么?浑浊了,糊涂了。人糊涂了,就彻底老了。

少懒一点,讲究卫生,这是你健康的基础。

健康要多运动。

瑜伽、游泳、散步,都是很好的适合女人的运动。

俗话说,冻闲人,饿懒人。多运动,不会冷。

女人千万不要让自己冷。

冷是一切麻烦的根源。

“冷女人”血行不畅,手脚冰凉而且痛经。血行不畅面部就会长斑点,体内的能量不能润泽皮肤,皮肤就会没有生气。更可怕的一点就是,女人的生殖系统是最怕冷的,一旦你的体质过冷,它就会选择长出更多的脂肪来保温,然后肚脐下就会长赘肉。而一旦气血充足温暖,这些赘肉没有存在的必要,自动就会跑光光了。

保暖,足够的睡眠,都是“气血充足”的保障。

天下所有的事都可以用笑声解决

要爱惜自己的肠胃。

在人体的所有器官当中,肠胃是最为薄弱的,大多数女性都多多少少会有肠胃不好的情况发生。更何况有些女性为了减肥而节食,更容易出现肠胃疾病。

肠胃不好尤其是上班族的通病。

肠胃是消化吸收的重要器官，只有调理好肠胃才能够保障拥有好身体。

如何调理肠胃功能呢?

多摄入膳食纤维,例如五谷杂粮,糯米、黑米、薏米、玉米等等,蔬菜和水果中也含有丰富的水溶性纤维,均可以帮助促进肠胃的蠕动,令肠胃功能增强,减少有害物质的堆积。

吃饭应细嚼慢咽,请勿暴饮暴食;饭后要稍作休息,最好是站立着,别急着坐下。

在日常的饮食中应注意补充益生菌，帮助维持肠道的健康。含有益生菌的食物有酸奶、奶酪、腐乳等,同时,像香蕉、大蒜、蜂蜜、洋葱等物质也可以促进益生菌的增长,帮助保护肠道健康。

除了肠胃外,你的心肝脾肺肾也要好好保护。

俗话说,大怒伤肝,暴喜伤心,悲忧伤肺,惊恐伤肾,思虑伤脾。

因此,要保持平稳心态,少燥怒,少伤心,多笑。

或许有人会说:情绪这种东西要怎么控制?不愉快的事情发生了,惹怒我的是别人,怎么是我能控制的呢?

这就要说到做人的修为了,对待不善的人、不愉快的事,笑一笑,就过去了。天下所有的事情都可以用笑声解决,何必斗气?

长寿的人,一般都有平健的心态。长寿是平时心宽积累出来的一种福气。心底宽广,面上便会有一种从容的和气,人人见了都高兴。

是大是小你都要挺起胸

女人是很美丽的动物，乳房是女人身体上很美丽的部分。关怀她们和自己，也就是关怀这个世界的美丽和爱。

——赵薇

丰乳肥臀，听天由命

爱得现实，爱得真实，才会爱得长长久久。

那么，怎样才算爱得现实、爱得真实？

他本来是什么样子，你本来是什么样子，彼此要清楚地了解，并且欣然接受。比如说，哪怕你胸部不够丰满，哪怕他本来很喜欢大罩杯女人，既然他选择了你，那他就要接受你。

关于女人胸部罩杯的大小，真是有说不

完的话题。

不管是打开电视还是翻开杂志，或是走在街上，总能看到各种各样关于丰胸的广告。说是“挺胸做女人”，说是“女人就要波涛胸涌”，成就“胸器”，诸如此类，看得人眼花缭乱。还有，大大小小的美容院也都争相标榜自己的隆胸技术很专业。

这等铺天盖地的宣传似乎暗示着，女人罩杯小了是一种罪过，并且很难获得幸福。

女人的乳房除了可以哺乳孩子外，竟然还是影响幸福生活的因素？

当然，也不可否认，自古以来大多数男人都喜欢胸大的女人。在古时，男人迷恋胸部丰满的女子只是出于对后代的考虑。男人在选择妻子时，往往会倾向于那些具有良好遗传基因的女性。但女性基因的优劣又不写在脸上，这就决定了人眼无法直接对女性基因的品质做出准确的判断。在此情形下，女性的一对突出于体外的招摇的乳房就变得至关重要，对男性形成了致命的诱惑。他们认为，胸部丰满的女子也具有良好的遗传基因。当然，这其中也有一定的审美因素。

不得不承认，丰挺的乳房是女体美的一面旗帜，它让扁平的身体起伏有致。于是，也就有了一个成语：丰乳肥臀。

但是，并非每个女人都丰乳肥臀呀，就像“楚王好细腰”，但并非每个女人都有“细腰”。这由不得人选择，只可“听天由命”。

智慧的女子往往并不在乎这些，她们知道，越天然越美。

只是，这个时代，不知是男人太肤浅还是其他什么原因，铺天盖地都是隆胸的广告。

别动刀子了，男人喜欢天然的丰满

有天在网上看到一个自称“非常痛苦”的男人发的帖子，他说他喜欢他的女友，可是女友的胸部实在是小了点，他不知道自己是不是应该放弃。

我真同情他的女友，竟遇到一个如此肤浅的男人，堪称遇人不淑。

同时，也希望他的女友是个懂得爱自己的自信的女子，不因他所谓的“非常痛苦”而去改变什么。

不过，也得承认，是有不少女子为了追求胸部的丰满竟真照着广告上说的去买一些药物或去美容院做丰胸手术了。

我有一个朋友，三流演员，她很瘦，近一米七的个头，体重九十多斤，或许是因为太瘦，她的胸部看上去更是不太起眼。因为她是演员，为追求上镜效果下决心隆了胸。她贪图省钱，在一家名不见经传的美容院做的手术，效果并不太理想。

更令她难过的是，她说自从做了手术后都不敢乘飞机了，因为一上高空胸部就会发胀，像随时要爆炸的样子。她还曾戏言说：“上了飞机，也是恐怖分子，身体炸弹啊！”

没办法，今年她再次去做了手术，这次不图便宜了，去了一家有名的美容院。

姑且不谈手术后她个人的身体是否常有不适感，单就听说上手术台动刀子，就已很叫人听得头皮发麻了。受之于父母的这一副皮囊，怎么可以随便用刀子打开，又填进那么多东西，怎么可以如此随意？

《孝经》上说："身体发肤，受之父母，不敢毁伤，孝之始也。"当今这个时代虽说已无那么多讲究，但没病没灾的对身体动刀子，实在是可怕。

更要命的是，她老公从她第一次手术后没多久就跟她离婚了，说受不了躺在身边的是"一具标本"。

是的，男人喜欢胸部丰满的女人，但也只是喜欢天然丰满的，很难喜欢动过手术的。那个演员的老公说："只要一想到那是一对假胸，我心底就有说不出的别扭。"

但是，有些女人在爱美这方面往往会表现出男人所不能理解的勇敢来。

如果不是演员，仅仅为了虚荣心而去做丰胸手术的女子，更显得不理智甚至是不智慧了。

动脑子比动刀子更美丽

男人为什么会爱一个女人？

因为她的容貌吗？或许有这方面原因，但并不全是。如果真的是，也就没有"胸大无脑"和"花瓶"等诸如此类的调侃语了。

是因为她身材前凸后翘吗？或许是，但也不完全是。如果男人们都真的很喜欢性感惹火的女人，那古人也不会说什么"丑妻近地家中宝"了。

当然，不排除有一些男人是很在乎女人的容貌和身材,因为这很能满足他将女人“带出厅堂”的虚荣心。

无论怎样,智慧的女人始终都很清楚,自己只有一对乳房,并且身体健康也是自己的。当你疼痛时,没谁能代替得了你。

其实,女人丰胸动刀子真不如好好动动大脑,让自己的内心丰富一些,让自己再智慧一些。

就算有些男人扬言“男人不喜欢聪明的女人”,你也莫要当真。在他们眼里,女人当然越简单越好;本来同性之间的竞争已经很激烈了,再和女人去竞争,真是招架得辛苦。于是,他们说什么“女人越简单越可爱”,他们是为了让自己少一些对手吧。

最傻的是，有的女人竟真的只肯对自己动刀子而不肯动脑子。

绿色的乳房更健康

就算有些女子很爱美,想着让胸部再丰满一些,那也不必对胸部“动刀子”“下毒手”。

由于工作的原因,我有不少女性朋友,她们平常所谈的话题除了服装或化妆外，有时也会谈一些关于丰胸的话题。不过,不要误会,她们所说的“丰胸”绝不是去美容院“隆胸”,而是通过饮食或锻炼等等进行的“绿色丰胸”。

是的,“丰胸”并不一定要动刀子,可以“绿色丰胸”,从多方面去“丰”去“隆”,比如走路姿势啊、饮食啊、锻炼啊,等等。只要在日常生活中多加留意,就可以“挺胸”成为自信的美人。

端正的走路姿势能使胸部曲线更明显。

走路时，不妨保持背部平直、收腹、提臀、上身的整体感觉向上。

坐时，挺胸抬头，挺直腰板，这样胸部的曲线就会显得动人。

休息时应采取侧卧、仰卧的姿势，不要俯卧睡，以免挤压乳房而使之受罪。

此外，胸罩也可以改观胸部的大小。

商场中形形色色的胸罩都在改善胸部曲线上做着文章。

在选择胸罩时，可考虑小一号的，在型号上选择略小一些的。如果你平时穿全杯型的，实际上你穿 3/4 杯型就可以了；如果你穿 3/4 杯型的，那么更适合你的可能就是 1/2 杯的。无论你选择什么型号的，都应先试一下，确实感觉舒适后再去购买。

胸部的大小，科学饮食同样很重要。

乳房的大小取决于乳腺组织与脂肪的数量。年龄在 20-25 岁的女性，是乳房发育的最佳时期。因此，适度地增加胸部的脂肪量，是提高丰挺度的最自然最健康的方法。

还有，在饮食上应注意多食用一些富含维生素 E 和维生素 B 的食物，如卷心菜、菜心等，这都是富含维生素 E 的食物。富含维生素 B 的食物则有动物肝、肾、心脏、蛋类、奶类及其制品，另外还有谷类、豆类、瘦肉、酵母等。

最后就是锻炼了。

要使胸部丰满有弹性，就要加强胸部肌肉的锻炼，做一些俯卧撑及单双杠运动等；或者每天早晚深呼吸数次，也可促进胸部的发育。

这些都是健康丰胸的妙招，也就是“绿色丰胸”。不用“动刀子”，不用“下毒手”，同样可以使胸部丰满。

女人要懂得宠爱自己，要时刻谨记，你只有两个乳房，你不能对它“下狠手”，要好好呵护它。它健康，你快乐；它有个三长两短，你肯定寝食难安，甚至更加糟糕。

比起健康来，罩杯是大是小这个问题实在不算什么问题。

你已经很美了，别总觉得不够苗条

短长肥瘦各有态，玉环飞燕谁敢憎。

——苏轼

减了肥，瘦了身，男人就会喜欢你吗

除了丰胸外，女人更关注的或许就是减肥了。

有时想想实在奇怪，就那么一尊身体，为什么要拼命折腾，这个地方要丰满一些，那个地方要苗条一些，还有单眼皮想割双眼皮，隆起的想着削一下骨……身体一定很为难吧，它都不知道该长成什么样子才能讨得主人的欢喜。

女人千方百计地折腾是为讨谁喜欢呢？讨自己喜欢，讨男人喜欢？

讨自己欢喜倒也罢了，为了自己心里美，随便怎么折腾，只因你是为自己，谁都无法对你讲太多责备的话。

要是只为讨男人喜欢呢？

减了肥，瘦了身，男人就会喜欢你吗？

那倒不一定。

很多男人，尤其是成熟的男人，他们其实更喜欢丰满一些的女人。不是有个词语叫作“珠圆玉润”吗？问问男人，在娶老婆的时候，有几个不想娶珠圆玉润的？

有这样一份网络调查问卷：《红楼梦》中美女如云，如果可以选择，男人愿意娶谁做妻子？

猜猜答案是什么？

男人更愿意娶薛宝钗为妻。抛却性格因素不谈，更因为薛宝钗体态丰满，有雍容富贵气。

其实在古代，为了哺乳和繁衍后代，体态丰满的女人是男人娶老婆的首选。为什么呢？首先体现在男人的尊严上，丰满表示富贵；也体现在男人的能力上，自家女人吃得白白胖胖，男人脸上有光，满满的成就感。

看看古代的仕女图，如汉唐时期，丰腴的女人更吃香，皇帝们更喜欢美女丰乳肥臀。

体态丰满的女人给人的视觉是饱满、丰厚，就像在秋天面对着果园里的累累果实，总是迫不及待地渴望拥有她。

丰满的女人就像一颗饱满的葡萄，似乎稍微用力就能尝到她们阳光般的汁液。

体态丰满的女人皮肤充满了弹性和质感，恰到好处的受力和回力能让男人每一次的接触都像是爱抚刚从提香的爱琴海里出浴的维纳斯女神。

体态丰满的女人比较富态，显得高贵，雍容华贵。在男人看来，拥有这样的女人更有成就感。

当然，丰满绝不等同于臃肿，也不是赘肉多多。丰满的感觉是"珠圆玉润"，圆润得有特质、有气质，圆润得温和，就像是一块温润的玉。

可惜，有些女人并不知道这个缘故。她们总是以为男人最爱骨感美，真是错得离谱了。

女人珠圆玉润的好处说了这么多，或许有人会骂了：净瞎说，谁说男人都爱丰满的女人，若果真如此，哪有女人傻兮兮地折磨自己去减肥！

不得不承认，是有一部分男人，他们偏爱女人曲线玲珑婀娜多姿。这就像楚王好细腰，唐明皇只喜欢杨贵妃，各有所爱。

但是，即使是偏爱苗条女子的男人，他们所爱的苗条其实是健康的苗条，而不是看上去营养不良的瘦弱。所以，为减肥而把自己折腾得面黄肌瘦的女子须得思索一下了。

只要身体健康，别在意是苗条还是丰满

苗条或丰满，不妨"听天由命"，顺其自然就好了。天然的，最美丽，也最健康。

只要身体是健康的。

健康就是最大的财富。

别刻意地为减肥而折腾自己，别太为难自己。

女子宠爱自己，追求天然美，追求健康。

如果身体闹垮了，苗条或曲线美什么的也就如同浮云了。

倘若怎样解说都不能消除某些女子对减肥的渴望，她们就是认为减出好身材自己才会更开心，那么，好吧，不如来点“绿色减肥”。

首先有条底线，就算想着减肥，也不能胡乱去吃一些来路可疑、效果也不明的减肥药，或者通过上手术台抽脂什么的，这都是很不爱惜自己的表现。

要通过一些科学的健康的方法去瘦身。这科学的健康的，我们姑且称为“绿色减肥”。

什么样的减肥方法才是绿色而无害的呢？

爱美的女人要好好琢磨这些东西。健康的减肥方法很重要。

比如说，你不能想着通过某些手段快速减肥。抽脂手术，或吃各种减肥药，甚至是吃泻药，或吃了又故意呕吐出来，这些都是有害的。就算很快能够减肥成功，但也很难维持减肥的效果。理由很简单，快速减肥不属于自然生活习惯。

你可以尝试多运动，尤其是在感到饥饿的时候。当肚子饿了，也就是身体燃烧脂肪的时候，这时运动半个小时，燃烧脂肪的效果最佳。当然，运动后也要注意补充水分。

注意细嚼慢咽。“细嚼慢咽”这个词创造得很有科学道理。因为太快地嚼咽，哪怕你已经吃得好饱但神经系统并不能很快地回馈信息给你的大脑，你还会不停地吃，这就容易造成饮食过量。而当你细嚼慢咽时，就不会存在这个问题了。

细嚼慢咽，这是满足食欲和减少食量的最佳方法。

不要贪睡。每天睡七个小时足矣，睡眠时代谢率最低，能量消耗最少，胆固醇和脂肪的合成量大增。如果贪睡，即使吃得很少也还是会长胖。

减少每日糖分和油脂的摄食量，是减肥的必要方法。

而零食呢？对于女人来说，吃零食和逛街一样是没有办法消除的欲望。但是，如果你想减肥，那么在休闲时间一定要少吃东西。为什么？道理其实很简单，因为休闲时间新陈代谢率会变低，热量消耗少，食物热量的摄入也就随之相应地减少。

上述种种都是轻易就能做到的，但贵在坚持，持之以恒。尤其是“运动”“细嚼慢咽”和“不贪睡”这三点，是要中之要。

其实，减肥哪里需要依靠什么药物呢？只要你有一种健康的生活方式就好了。毕竟你的目的只是减掉赘肉，而不是说要达到那种“形销骨立”的效果。

有个朋友对我说，他看到某个女子“干瘦干瘦”的样子，都忍不住为她倒吸一口凉气：这样干巴巴的一个单薄人儿，是没钱吃饭吗？这样的女子甭说娶回家做老婆了，就算是做朋友都觉得有点上气不接下气的。

这个朋友口中所说的“干瘦干瘦”的女子，应该是属于不良减肥吧——的确，人是瘦下来了，但人看起来气色也差远了。这等看起来营养不良的瘦弱女子,男人见了难免会有着潜意识的躲避感。

何必非要同自己的身体过不去呢？自然一些,健康生活,不是更好吗？

就算满心思想着要减肥,那也请选择"绿色减肥"吧。

宠爱自己，呵护好自己的身体健康，这是最应该做的。

原来这是真的，不吃饱就没力气减肥

我突然想起了一个小幽默——

甲女看见乙女面前摆了一桌子食物,津津有味地吃,胃口好极了,忍不住问:"喂！你不是说要减肥吗,还吃这么多？"乙女笑了:"不吃饱我哪有力气减肥呢？"

这真是一个好态度。

不过,不吃饱就没力气减肥,这不是玩笑话,而是有科学依据的。

比如说你晚饭没吃,轻了一斤,消耗的是脂肪吗？肯定不是。节食减肥法最先消耗的不是你的脂肪,而是其他营养物质。当我们饥饿时,身体会优先动员血液中的糖类作为能量。随着饥饿时间的延长,糖类物质消耗殆尽,血糖会急剧降低。身体开始以蛋白质作为能量来源,而蛋白质的消耗会直接导致肌肉的缩水。最后当蛋白质也越来越少时,脂肪才会挺身而出,成为给身体供能的燃料。但这并不意味着节食一定能令你瘦下去，因为节食后肌体会很快做出反应,使新陈代谢变慢,以适应身体摄取热量降低的情形，同时节食也会使你的运动机能下降。这样一来，热量的消耗大幅度减少，能量的摄入和消耗在一个低水平上达到新的平衡。所以说，仅用节食减肥不靠谱，不吃饱了怎么会有力气减肥呢？

比减肥更重要的是，学会接纳自己，无论是胖是瘦你都爱自己，不拿人们所认为的或你潜意识中的“理想身材”来要求自己。

著名心理疗法专家伊丽莎白·马丁（Elisabeth Martin）说过：“当人们能接受自我的时候，身体就很容易发生变化。肢体变得柔软，步态则更从容。神奇的是，那些我们绞尽脑汁想减掉的赘肉开始不见了，以前毫无效果的节食也开始生效。”

神奇吗？所有奇迹都从你坦然接纳自己开始。

欣赏自己，自己的幸福感才是最重要的。

不要自我排斥，更不要去管别人怎么说怎么看。你只需接纳自己，培养自己的健康的生活方式和生活态度。

你已经很美了，别总觉得不够苗条，真的！

让自己变得更优秀，才能遇到更好的人

一个人如果自己跟自己作对，就没有办法搭救她。

——尼古拉·谢苗诺维奇·列斯科夫

最重要的是今天的心，当下的心

有句话说，只有你自己能拯救自己。

同理，最能使你快乐的，是你自己。

你要学会自娱自乐。

怎样自娱自乐呢？当你难过的时候，你要总能找到一个借口，总能换一种角度去看问题，使自己开心起来。

任何时候，不管遇见多么不开心的事，你都要自己好好地安慰一下自己，让自己快乐起来。

最重要的是今天的心，当下的心。

何必为痛苦的过去而摧残现在的心情？何必为莫名的忧虑而惶惶不可终日？昨天已经过去，过去的一去不复返，再怎么悔恨也是无济于事。未来的还是可望而不可即，你的忧虑是空悲伤。

今天是最真实的，是可以触摸得到的。

今天心，今日事，现在人，这些都是实实在在的。你最应该做的，是让眼前的一切美好起来！

一念心清静，莲花处处开

不要去抱怨，不管你认为自己所经历的有多不愉快。

无休止的抱怨，只会让你的烦恼更多地增长，只会让别人感觉到你除了会抱怨外便什么都不会做了。不要让人感觉你很无能。

抱怨是一种致命的消极心态，一旦你习惯了抱怨，你的生活将处处暗无天日。你的抱怨不仅会毁灭掉你自己的好心境，而且你身边的亲朋也会跟着你陷入到坏情绪中。这很可怕。

抱怨没有好处，乐观才是最重要的。

好心境是自己创造的。

与其埋怨世界，不如改变自己。管好自己的心，做好自己的事，比什么都强。

你常常无法去改变某些事的走向，也无法改变别人的看法，你能改变的只有你自己。

坏的生活不在于别人的罪恶，而在于你的心情变得恶劣。

让生活变好的金钥匙不在别人手里，放弃你的怨恨和叹息，美好生活就会唾手可得。

如果你主观上想好好生活，可是客观上却没有好的生活，那么其原因只有一个，你在幻想着等待出现救星，帮你来改善生活。

不要指望别人来帮你改变什么，你要做你生活的主人。

你要记住，相由心生。你心明朗，你看见的世界也必是明朗的。

一念心清静，莲花处处开。

优秀的人往往不合群

我有个朋友说过一句很有趣的话："如果大街上有人骂我，我是连头也不回的，根本不想知道那个无聊的人是谁。"

的确，当有人侮辱你的时候，要记得，狮子不会因为听到狗吠而回头。

花时间去讨厌自己讨厌的人，你就少了时间去爱自己喜欢的人。花时间去计较让你不爽的事情，你就少了时间去体验让你爽的事情。

和无趣的人事作战，实在是划不来呀。人生有趣的事那么多，你要去做有趣的事，使自己成为一个有趣的人。当你成为一个有趣的人时，你会发现，你当下看见的世界和你先前看见的世界，大不一样。

做个有趣的人，不和自己过不去。

学会欣赏自己,这是你获取快乐的金钥匙。

欣赏自己不是孤芳自赏,欣赏自己不是唯我独尊,欣赏自己不是自我陶醉,欣赏自己更不是固步自封。欣赏自己,是自己给自己一些信心、自己给自己一点愉快、自己给自己一脸微笑。

你要常常自己给自己鼓劲,学会制造愉悦的心情。

心情不是人生的全部,却能左右人生的全部。心情好,什么都好;心情不好,一切就都乱了。很多时候,你不是输给了别人,而是坏心情扰乱了你的思维,降低了你的能力,从而让你输给了自己。控制好心情,生活才会处处祥和。好心态塑造好心情,好心情塑造最出色的你。

不要去追逐世俗的荣誉。

终生去寻找别人认可的东西,你会痛失自己的快乐和幸福。

世俗的指点会让你不知所措,俗人的庸俗评论会泯灭你的个性,你要警惕这些。

翅膀长在你的肩上,太在乎别人对于你飞行姿势的批评,你就会飞不起来。

不要去媚俗。

媚了俗,你也就失去了真实,所以你要坚定信心,拥有自我。

人,要么庸俗,要么孤独。不要害怕孤独。优秀的人都是孤独的。真正优秀的人,大都不合群。

无论什么时候,优秀都是你的发言权。如果你感觉自己事事不顺遂,那只有一个原因,说起来既残酷也真实:你只是不够优秀而已。

让自己优秀。爱自己的最好方式就是让自己优秀起来。让优秀成为一种习惯。

你优秀了，自然会有对的人与你并肩。